rororo

Wie gehen wir mit den Tieren um? Im Haus, im Stall und in freier Wildbahn? Was muss sich ändern im Lichte der Erkenntnisse, die namentlich in der Verhaltensbiologie in den letzten Jahrzehnten gewonnen wurden? Wir wissen heute, wie ähnlich uns viele Tiere im Empfinden und Verhalten sind und dass sich unter anderem bei Säugetieren und auch Vögeln nachweisen lässt: Sie haben Persönlichkeit.

Diese Revolution des Tierbildes in der Wissenschaft beschreibt Norbert Sachser ausführlich in seinem 2018 erschienenen Buch «Der Mensch im Tier». Gesellschaftlich hängen wir aber immer noch einem falschen Bild von den Tieren an. Nun erklären renommierte Autorinnen und Autoren, was diese Revolution ausmacht, wie sich das neue Wissen in unterschiedlichen Bereichen widerspiegelt und welche ethischen, rechtlichen, gesellschaftlichen und politischen Konsequenzen wir daraus ziehen müssen. Es geht unter anderem um Wohl und Würde der Tiere, das menschengemachte Leid von Haustieren, Anspruch und Wirklichkeit von Tierrechten, sich wandelnde Tierbilder in Kunst, Kultur, Geschichte und Wissenschaft, um Tierschutz und Moral.

Ein Buch für alle, die genauer wissen wollen, wie Tiere denken und fühlen und warum wir sie schützen müssen.

> «Angesichts der naturwissenschaftlichen Erkenntnisse, welche Sachser präsentiert, wäre es nun ein guter Zeitpunkt, noch einmal etwas angestrengter in die Philosophie einzutauchen, um über Fragen der Tierethik nachzudenken.»
>
> *FAZ über «Der Mensch im Tier»*

Angaben zu den Herausgebern, Autorinnen und Autoren finden sich am Ende des Bandes.

ro ro ro

NORBERT SACHSER (HG.)
NIKLAS KÄSTNER (HG.)
TOBIAS ZIMMERMANN (HG.)

DAS UNTERSCHÄTZTE TIER

Was wir heute über
Tiere wissen und
im Umgang mit ihnen
besser machen müssen

ROWOHLT TASCHENBUCH VERLAG

2. Auflage Mai 2022

Originalausgabe
Veröffentlicht im Rowohlt Taschenbuch Verlag, Hamburg, Mai 2022

Covergestaltung zero-media.net, München
Coverabbildung FinePic®, München
Satz Mercury bei Pinkuin Satz und Datentechnik, Berlin
Druck und Bindung GGP Media GmbH, Pößneck, Germany
ISBN 978-3-499-00956-3

Die Rowohlt Verlage haben sich zu einer nachhaltigen Buchproduktion verpflichtet. Gemeinsam mit unseren Partnern und Lieferanten setzen wir uns für eine klimaneutrale Buchproduktion ein, die den Erwerb von Klimazertifikaten zur Kompensation des CO_2-Ausstoßes einschließt.
www.klimaneutralerverlag.de

FSC www.fsc.org MIX Papier aus verantwortungsvollen Quellen FSC® C014496

INHALT

VORWORT

Unser Handeln berührt das Leben vieler Tiere ganz unmittelbar. Vielleicht kraulen Sie ja gerade einem von ihnen das Fell, während Sie diese Zeilen lesen – bei 16 Millionen Katzen und 11 Millionen Hunden, die in deutschen Haushalten leben, ist das nicht ganz unwahrscheinlich. Und da sind auch noch die anderen Tiere. Die, denen wir für gewöhnlich keine Namen, sondern höchstens Nummern geben. Darunter deutschlandweit etwa 3 Millionen Wirbeltiere, die pro Jahr in der Forschung eingesetzt oder getötet werden; mehr als 4 Millionen Wildtiere, die in jedem Jahr der Jagd zum Opfer fallen; über 40 Millionen Hühner und 4 Millionen Kühe, die Eier und Milch für den menschlichen Konsum produzieren; und mehr als 700 Millionen Vögel und Säugetiere, die jährlich in Schlachthäusern sterben.

Manche Tiere wiederum tauchen in den Statistiken gar nicht erst als Individuen auf: Die Fangmenge der deutschen Seefischerei wird beispielsweise in Gewicht angegeben und beläuft sich in Deutschland pro Jahr auf über 700 000 Tonnen. Und zu den Nagetieren, die durch Gift oder Fallen zu Tode kommen, finden sich überhaupt keine Zahlen.

Dazu kommen viele weitere Tiere, auf die sich unser Handeln auswirkt, indem wir ihren Lebensraum verschmutzen oder zerstören. Und nicht zuletzt sorgen wir durch die von uns ausgestoßenen Treibhausgase dafür, dass sich in dramatischem Tempo weltweit die klimatischen Bedingungen verändern, an die sich Tiere über Jahrtausende angepasst haben.

Es ist längst gesellschaftlicher Konsens, dass wir uns mit unserer Verantwortung gegenüber Tieren auseinandersetzen müssen. Hier setzt dieses Buch an, für das wir eine Reihe ausgewiesener Expertinnen und Experten aus unterschiedlichsten Disziplinen gewinnen konnten, darunter Verhaltensbiologie und Tiermedizin, aber auch Ethik, Rechtswissenschaften und Theologie sowie Archäologie, Kunstwissenschaften und Journalismus. Sie machen in ihren Beiträgen deutlich, wie sehr unser Wissen über Tiere in den letzten Jahrzehnten gewachsen ist, welche Implikationen das für unser Verhältnis zu Tieren hat – und welche Konsequenzen sich daraus für unseren Umgang mit ihnen ergeben.

Unser neues Wissen über Tiere

Auf den folgenden Seiten können Sie sich mit vielen Facetten des neuen Wissens über Tiere und seiner Folgen beschäftigen. Der Verhaltensbiologe Norbert Sachser zeichnet in seinem Beitrag eine *Revolution des Tierbildes* nach: Die Erkenntnisse der verhaltensbiologischen Forschung haben in den vergangenen Jahrzehnten ein angebliches Alleinstellungsmerkmal des Menschen nach dem anderen abgeräumt. Ganz gleich, ob wir das Denken, Fühlen oder Verhalten der Tiere betrachten: Sie sind uns näher gerückt und wir ihnen. Es steckt sehr viel mehr Mensch im Tier, als wir uns vor wenigen Jahren noch haben vorstellen können.

Die große Nähe zwischen Menschen und Tieren gilt insbesondere in Bezug auf die *Emotionen*. Früher wurden jene, die Tieren Emotionen wie Furcht, Wut oder Freude zusprachen, nicht selten belächelt und des Anthropomorphismus bezichtigt: Ihnen wurde vorgeworfen, dass sie ihre eigenen Empfindungen auf die Tiere projizierten. Inzwischen ist das Vorhandensein von Emotionen bei

Tieren wissenschaftlich belegt und ihre Erforschung ist ein hochaktuelles Thema, wie die Verhaltensbiologinnen Sylvia Kaiser und Helene Richter in ihrem Beitrag aufzeigen.

Tierleid im Stall und zu Hause

Das Leid, dem sogenannte «Nutztiere» im Rahmen der *industriellen Tierhaltung* ausgesetzt sind, ist mittlerweile weithin bekannt. Der Tierarzt und -ethiker Jörg Luy geht in seinem Beitrag darauf ein, wie es überhaupt zu dieser Entwicklung kam – und welche Rolle dabei ein inzwischen überholtes Tierbild gespielt hat. In der Aufklärung darüber, dass Kühe, Schweine und Hühner über ähnliche kognitive und emotionale Fähigkeiten verfügen wie Hunde und Katzen, sieht er eine Chance dafür, dass die viel beschworene Transformation der Landwirtschaft gelingen könnte.

Wenn wir hingegen an unsere *Heimtiere* denken, sehen wir auf den ersten Blick für gewöhnlich deutlich weniger Probleme. Schließlich haben wir in den allermeisten Fällen die besten Absichten. Doch auch in diesem zweiten großen Bereich, in dem Tiere in menschlicher Obhut leben, verursacht unser Handeln mitunter erhebliches Leid. Welche ernsten gesundheitlichen Folgen falsch verstandene Tierliebe haben kann, führt der Tierarzt und -pathologe Achim Gruber in seinem Beitrag am Beispiel von Hunden eindrücklich vor Augen.

Wie sollen wir handeln: Ethik, Recht und Religion

Sowohl der Beitrag zu den landwirtschaftlich genutzten Tieren als auch der zu den Heimtieren machen beispielhaft deutlich, wie unser Handeln dazu führt, dass Tiere leiden. *Dass* sie leiden, lässt sich angesichts der jüngeren wissenschaftlichen Erkenntnisse über Tiere nicht mehr leugnen. Doch nun ist es an uns auszuhandeln, wie wir mit dieser Tatsache umgehen. Denn wie der Philosoph Michael Quante in seinem Beitrag über das Verhältnis von *Wissenschaft und Gesellschaft* betont, kann Erstere uns zwar in die Lage versetzen, die Folgen unseres Handels zu beurteilen – sie kann uns aber nicht sagen, wie wir handeln sollen.

Die Frage nach unserem Umgang mit Tieren fällt ins Kerngebiet der *Tierethik*. Die Philosophin Ursula Wolf beleuchtet in ihrem Beitrag die Position von Tieren in der menschlichen Moral und macht deutlich: Sofern wir die Leidensfähigkeit zum Kriterium machen, gibt es keine Rechtfertigung, Tiere moralisch grundsätzlich schwächer zu berücksichtigen als Menschen.

Die Juristin Anne Peters setzt sich in ihrem Beitrag mit der Stellung der Tiere im *Recht* auseinander. In Anbetracht der weltweiten Handelsnetze und der entsprechend weitreichenden Folgen, die unser Handeln und insbesondere unsere Kaufentscheidungen für Tiere haben können, spricht sie sich für ein globales Tierrecht aus.

Wenn es um die Frage nach unserer Verantwortung gegenüber Tieren geht, ist für viele Menschen auch eine *religiöse Perspektive* von Bedeutung. Der Theologe und Biologe Rainer Hagencord befasst sich in seinem Beitrag mit der Stellung von Tieren in der Kirchenlehre. Er beklagt die mangelnde Würdigung von Tieren in der Theologie und fordert ein radikales Umdenken.

Das Mensch-Tier-Verhältnis im Wandel

Wenn man die Gegenwart besser verstehen und sich über die Zukunft klarwerden möchte, lohnt oftmals ein Blick in die Vergangenheit. Diesen gewährt die Archäologin Valeska Becker in ihrem Beitrag über das *Mensch-Tier-Verhältnis in der Vorgeschichte Europas.* Aus historischen Quellen wie Höhlenmalereien und Ausgrabungsfunden leitet sie ab, dass unser Blick auf Tiere schon einmal einen gravierenden Wandel erfahren hat: Als Menschen begannen, Wildtiere zu Haustieren zu machen, ist eine Grenze zwischen uns und ihnen entstanden, die es zuvor nicht gegeben hat.

So wie uns die Tierbilder der Steinzeit Aufschluss über die sich vor Tausenden Jahren verändernde Sicht auf Tiere geben, spiegelt sich der derzeit stattfindende Wandel im Mensch-Tier-Verhältnis in der *gegenwärtigen Kunst* wider, wie die Kunstwissenschaftlerin Jessica Ullrich in ihrem Beitrag herausarbeitet. Sie macht deutlich, wie Kunst mit Tieren und Kunst für Tiere dazu beitragen kann, sie als fühlende Wesen mit eigenen Perspektiven wahrzunehmen.

Begegnungen mit Tieren – auf dem Bildschirm und im Zoo

Das Tierbild einer Gesellschaft wird maßgeblich durch die Darstellung von Tieren in der Kultur geprägt. Das gilt insbesondere für die *populäre Kultur*, die so viele Menschen erreicht. Vor diesem Hintergrund arbeitet der Journalist Michael Miersch in seinem Beitrag heraus, wie sehr sich die Darstellung von Tieren in Filmen und populären Texten seit Mitte des letzten Jahrhunderts gewandelt hat.

In Bezug auf das Bild von Tieren in unserer Gesellschaft kommt *Zoos* eine eigene Bedeutung zu – denn nur dort können wir im Alltag Wildtieren aus verschiedenen Kontinenten direkt begegnen. Die Verhaltensbiologin und Zoodirektorin Simone Schehka führt in ihrem Beitrag aus, welche Verantwortung tiergärtnerische Einrichtungen in dieser Hinsicht tragen, und betont darüber hinaus, welchen Herausforderungen moderne Zoos sich sowohl mit Blick auf den Erhalt der Artenvielfalt als auch auf das Wohlergehen der in ihrer Obhut lebenden Tiere stellen müssen.

Zur Entstehung dieses Buchs

Die Idee zu diesem Buch entstand im Zusammenhang mit einer interdisziplinären Veranstaltungsreihe an der Universität Münster. Die Hochschule hatte sich beim Wettbewerb «Eine Uni – ein Buch» durchgesetzt, der vom Stifterverband und der Klaus Tschira Stiftung in Kooperation mit dem ZEIT Verlag ausgerichtet wird. Dabei werden Projekte ausgezeichnet und gefördert, die möglichst viele Menschen über ein bestimmtes Buch ins Gespräch bringen und für ein gemeinsames Thema begeistern sollen.

Die Universität Münster hatte sich mit dem Buch «Der Mensch im Tier» von Norbert Sachser beworben, in dem dieser anschaulich beschreibt, wie sich unser Bild vom Tier angesichts der jüngsten naturwissenschaftlichen Erkenntnisse gewandelt hat. Die Umsetzung des geplanten Projekts erfolgte im Sommersemester 2021: In einer Reihe von (pandemiebedingt leider ausnahmslos digital stattfindenden) Veranstaltungen wurden die Konsequenzen der im Buch beschriebenen «Revolution des Tierbildes» aus verschiedenen Blickwinkeln beleuchtet. Daran waren viele der Autorinnen und Autoren des vorliegenden Buchs als Vortragende oder Teilnehmende in Diskussionsrunden beteiligt. Darüber hinaus haben wir weitere renommierte Expertinnen und Experten für diesen Band gewonnen. Die Auseinandersetzung mit dem Thema fand seinerzeit auch auf künstlerischem Wege statt: Studierende der *School of Design* an der Fachhochschule Münster entwickelten in einem Seminar unter der Leitung von Cordula Hesselbarth Illustrationen, die das Verhältnis von Menschen und Tieren in verschiedenen Konfliktfeldern beleuchten. Einige ihrer beeindruckenden Ergebnisse zeigen wir in diesem Buch.

Großer Dank und eine Hoffnung

Dafür, dass unsere Idee Wirklichkeit geworden ist und dieses Buch nun vor uns liegt, gebührt verschiedenen Menschen großer Dank. In erster Linie den Autorinnen und Autoren – ohne die es dieses Buch nicht gäbe. Hannah Bischop, Leela Ide, Jurga Milasiunaite, Niklas Schwartz, Noemi Thoß und ihrer Dozentin Cordula Hesselbarth danken wir für die fantastischen Illustrationen. Unserem Lektor Frank Strickstrock danken wir dafür, dass er dieses Buch so engagiert betreut hat.

Wir hoffen sehr, dass «Das unterschätzte Tier» mit seinen Beiträgen von Expertinnen und Experten aus unterschiedlichsten Disziplinen zu einer neuen Sicht auf Tiere führt und dazu beiträgt, dass sich unser Umgang mit ihnen deutlich verbessert. Denn dass wir auf der Grundlage unseres heutigen Wissens unser Handeln überdenken, anstatt die bestehenden Missstände einfach zu ignorieren – das sind wir den Tieren schuldig.

Münster, im Februar 2022
Niklas Kästner, Norbert Sachser, Tobias Zimmermann

NORBERT SACHSER

DIE REVOLUTION DES TIERBILDES

Denken, Fühlen, Persönlichkeit: Was wir heute über Tiere wissen

In der Verhaltensbiologie hat eine Revolution des Tierbildes stattgefunden – mit weitreichenden Folgen für das Selbstverständnis des Menschen und seine Beziehung zu Tieren. Noch vor wenigen Jahrzehnten lauteten wesentliche Dogmen: Tiere können nicht denken, und über ihre Emotionen lassen sich keine wissenschaftlichen Aussagen machen. Heute wissen wir: Tiere mancher Arten sind zu einsichtigem Verhalten fähig; sie erkennen sich im Spiegel, und bei ihnen sind zumindest Ansätze von Ich-Bewusstsein vorhanden. Tiere mancher Arten haben Emotionen, die denen des Menschen bis in verblüffende Details vergleichbar sind. In der Tat: Das Tierbild der Verhaltensbiologie hat in den vergangenen Jahrzehnten einen so gravierenden Wandel erfahren, dass von einem Paradigmenwechsel gesprochen werden kann, einem grundlegenden Wandel.

Im Folgenden möchte ich diese Entwicklung skizzieren und berichten, was wir heute über das Denken, Fühlen und Verhalten der Tiere wissen. Dabei wird der Schwerpunkt auf den Säugetieren liegen, also der Tiergruppe, zu der auch wir Menschen gehören. Konzentrieren möchte ich mich auf Aspekte, von denen es traditionell hieß, dass sie uns von den Tieren unterscheiden: kognitive Leistungen, Emotionen und die Entwicklung des Verhaltens hin zu einzigartigen Persönlichkeiten. Ferner thematisiere ich die weitverbreitete Vorstellung, dass Tiere sich zum Wohle der Art verhalten und möglicherweise die «besseren Menschen» sind. Wir werden sehen: Tiere wurden lange unterschätzt und fehlinterpretiert.

Vom konditionierten Lernen zum Ich-Bewusstsein

Seit Langem ist bekannt, dass alle Tiere lernen können. Dabei handelt es sich häufig um wenig spektakuläre Vorgänge wie die Habituation. Vögel lernen beispielsweise, dass von einer Vogelscheuche keine Gefahr ausgeht – sie gewöhnen sich an sie. Weitverbreitet ist auch das assoziative Lernen, das in zwei verschiedenen Formen vorkommt: der klassischen und der operanten Konditionierung. So können vermutlich Tiere aller Arten lernen, einen bestimmten Reiz mit einer Belohnung oder Bestrafung zu verknüpfen. Ein Paradebeispiel der klassischen Konditionierung hierzu: Immer dann, wenn ein Pfiff ertönt, gibt es Futter. Bei der operanten Konditionierung lernen Tiere durch Versuch und Irrtum, welches Verhalten zum Erfolg führt. Dieser Lernvorgang spielt eine entscheidende Rolle bei der erfolgreichen Suche nach Nahrung, dem Erlernen sozialer Regeln, der Vervollkommnung bestimmter Handlungsabläufe oder der Erschließung neuer Lebensräume. Auch die Erziehung von Tieren in menschlicher Obhut beruht zu einem großen Teil hierauf.

Bis in die zweite Hälfte des vergangenen Jahrhunderts konzentrierte sich die Forschung zu den kognitiven Leistungen der Tiere vor allem auf diese Formen des Lernens. Dadurch entstand der Eindruck, dass Konditionierungen die komplexesten Lernformen sind, über die Tiere verfügen. Fragen danach, ob Tiere nicht auch höhere kognitive Fähigkeiten besitzen, wurden in der Regel verneint.

Das ist insofern erstaunlich, als der deutsche Psychologe Wolfgang Köhler bereits vor 100 Jahren bei Schimpansen «intelligentes Verhalten», wie er es nannte, nachweisen konnte. In einer seiner Untersuchungen befand sich eine Banane außerhalb des Geheges, und die meisten Schimpansen der Gruppe versuchten vergeblich, sie zu erreichen. Ein Tier fand aber eine Lösung: Es steckte zwei herumliegende Rohre ineinander, ging auf die Gitterstäbe zu, setzte das verlängerte Rohr als Werkzeug ein und zog die Banane zu sich hin. Offenbar hatte es das Problem erkannt und durch Denken gelöst.

Unter dem Einfluss des Behaviorismus wurden diese Ergebnisse aber lange Zeit ignoriert, und es dauerte Jahrzehnte, bis Wissenschaftler wie der deutsche Evolutionsbiologe Bernhard Rensch in den 1960er-Jahren Köhlers Schlussfolgerungen eindrucksvoll bestätigten. Das Interesse daran, höhere kognitive Leistungen bei Tieren systematisch zu studieren, hielt sich in dieser Zeit allerdings in Grenzen. Das änderte sich erst, als der US-amerikanische Zoologe Donald Griffin 1984 sein Buch «Animal Thinking» publizierte. Es löste einen Forschungsboom aus, der bis heute anhält und eine neue Disziplin der Verhaltensbiologie begründete: die Kognitionsbiologie.

Heute wissen wir, dass Tiere mit hoch entwickelten Gehirnen wie Affen, Raubtiere, Elefanten oder Wale Situationen spontan erfassen, die erforderlichen Handlungsabläufe mental vollziehen und das Verhalten dann zielgerichtet ausführen. Anders formuliert: Diese Tiere können denken! Aber nicht nur Säugetiere sind hierzu in der Lage, sondern auch Rabenvögel, Papageien oder Tintenfische.

Ursprünglich hatte es geheißen: Was den Menschen vom Tier unterscheidet, ist der Werkzeuggebrauch. Köhlers Untersuchungen zeigten bereits, dass Schimpansen in menschlicher Obhut zum

Erreichen ihrer Ziele Werkzeuge einsetzen. Fast ein halbes Jahrhundert später beschrieb die britische Verhaltensforscherin Jane Goodall dies auch für Tiere in ihrem natürlichen Lebensraum. Freilebende Schimpansen im Gombe Stream National Park in Tansania benutzen gezielt Halme, Stiele und kleine Zweige, um Ameisen und Termiten aus ihren Nestern zu fischen. Dabei verändern sie diese Werkzeuge zum Teil gezielt. Neuere Beobachtungen dokumentieren darüber hinaus den Gebrauch von Stöcken und Steinen, die als Hammer und Amboss eingesetzt werden, um Palmnüsse zu knacken. Es gibt Hinweise, dass Schimpansen diese Technologie bereits seit Jahrtausenden benutzen und sie von Generation zu Generation weitergeben. Mittlerweile wurde Werkzeuggebrauch im natürlichen Lebensraum bei weiteren Arten beobachtet, wie Kapuziner- und Javaneraffen, Seeottern und Delfinen. Auch Neukaledonienkrähen sind Meister sowohl der Werkzeugherstellung als auch ihres intelligenten Einsatzes.

All diesen Beispielen ist gemeinsam, dass zunächst einzelne Individuen «Erfindungen» machen, die dann durch soziales Lernen in die nächste Generation weitergegeben werden, dort langfristig Bestand haben und zu Unterschieden zwischen verschiedenen Gruppen dieser Tierart führen. Werkzeuggebrauch ist damit ein eindrucksvolles Beispiel für «Kultur bei Tieren».

Seit etwa zwanzig Jahren wird auch die Frage nach einem möglichen Ich-Bewusstsein bei Tieren gestellt. Könnte es sein, dass ein Schimpanse weiß, wer er ist? Dass er eine Vorstellung davon hat, was andere wissen? Dass er sein Verhalten nach diesem Wissen ausrichtet? Wenn Tiere über ein Ich-Bewusstsein verfügen, dann sollten sie sich im Spiegel erkennen. Sie sollten wissen, dass sie sich selbst sehen und nicht irgendeinen fremden Artgenossen. Bereits 1970 führte der US-amerikanische Psychologe Gordon Gallup eine entsprechende Untersuchung durch. Er färbte bei Schimpansen einen Teil der Augenbraue und des Ohrs rot ein, und zwar so, dass die Tiere die Färbung selbst nicht sehen konnten. Solange kein Spiegel vorhanden war, berührten die Schimpansen die eingefärbten Stellen fast nie und wenn, dann eher zufällig. Sobald sie sich aber im Spiegel betrachten konnten, fassten sie sogleich zielgerichtet an die roten Stellen ihres Körpers. Das zeigt: Alle Schimpansen erkannten sich selbst. Inzwischen haben auch andere Tiere als Menschenaffen diesen «Spiegeltest» bestanden, darunter Elefanten, Delfine, Pferde, Elstern und Putzerfische. Übrigens sind Menschen dazu erst im Alter von etwa eineinhalb bis zwei Jahren in der Lage.

Wenn Tiere über ein Ich-Bewusstsein verfügen, sollten sie die Welt auch aus der Perspektive eines anderen betrachten können. Tatsächlich mehren sich die Hinweise, dass Tiere einiger Arten – wie Schimpansen, Bonobos oder Orang-Utans – hierzu fähig sind. So fanden der US-amerikanische Verhaltensforscher Michael Tomasello und sein Team in ausgeklügelten Untersuchungen heraus: Unterlegene Schimpansinnen wissen offenbar, was ihre dominanten Artgenossinnen gesehen haben und richten ihr Verhalten zum eigenen Vorteil beim Nahrungserwerb danach aus. Interessanterweise wissen auch Rabenvögel in einem gewissen Umfang, was andere wissen. So berücksichtigen Kolkraben beim Futterverstecken, welche Artgenossen sie dabei beobachten. Dies ist wichtig, weil manche Artgenossen gern die Futterverstecke anderer plündern.

Zusammengefasst hat die verhaltensbiologische Forschung eindrucksvoll gezeigt, zu welch erstaunlichen kognitiven Leistungen Vertreter mancher Tierarten fähig sind. Sie können planen und denken, sie können sich im Spiegel erkennen, sie wissen, was andere wissen, und sie bemerken sogar, wenn es sich dabei um falsches Wissen handelt. Zwar sind solch höhere kognitive Fähigkeiten bisher nur für einige wenige Tierarten nachgewiesen worden, und längst nicht jedes Individuum dieser Arten verfügt über sie. Dennoch zeigt der jetzige Stand der Forschung, dass Tiere bezüglich ihrer kognitiven Leistungen lange unterschätzt worden sind.

Von der Ausklammerung der Gefühle zur «emotionalen Wende»

Sucht man im Sachverzeichnis von aktuellen Lehrbüchern der Verhaltensbiologie nach den Begriffen «Emotion» oder «Gefühl», so wird man in der Regel nicht fündig. Tatsächlich waren die Emotionen der Tiere bis vor Kurzem keine wichtige Forschungsfrage. Das mag damit zusammenhängen, dass die Pioniere der Verhaltensbiologie – Konrad Lorenz, Nikolaas Tinbergen und Karl von Frisch – dieses Thema nicht auf ihrer Forschungsagenda hatten, sondern sich auf andere Themen konzentrierten, zum Beispiel die Instinkte der Tiere. Die Konsequenz daraus war, dass lange die Meinung vorherrschte: Über die Emotionen der Tiere können keine wissenschaftlichen Aussagen gemacht werden. Das änderte sich erst um die Jahrhundertwende durch Forschungsarbeiten von Wissenschaftlern wie Frans de Waal oder Michael Mendl und ihrer Teams. Mittlerweile sind die tierlichen Emotionen eines der aktuellsten und spannendsten Themen der Verhaltensbiologie (siehe auch den Beitrag von Sylvia Kaiser und Helene Richter).

Heute zweifelt niemand im wissenschaftlichen Bereich mehr daran, dass Wirbeltiere Emotionen haben und sie mit naturwissenschaftlichen Methoden untersucht werden können. Ein wesentlicher Grund hierfür: Der Teil des Gehirns, der beim Menschen für die Erzeugung und Verarbeitung von Emotionen verantwortlich ist – das limbische System –, findet sich bei allen Säugetieren, ja im Prinzip bei allen Wirbeltieren. Und zumindest basale Emotionen wie Furcht, Angst oder Freude werden bei Menschen und diesen Tieren durch die gleichen neuronalen Schaltkreise hervorgerufen und reguliert.

Wie das Gehirn komplexere Emotionen wie Frustration, Eifersucht, Trauer oder Liebe hervorbringt, ist weit weniger gut erforscht. Um dennoch Aussagen über solche Emotionen treffen zu können, wird das Verhalten von Tieren in Situationen erfasst, von denen wir wissen, welche Emotionen sie beim Menschen auslösen. So kommt es bei uns zu Frustration, wenn etwas Positives, das wir erwarten, nicht eintritt. Die Folge ist häufig Aggression. Entsprechende Zusammenhänge konnten für Tiere gezeigt werden, von Tauben über Ratten bis hin zum Totenkopfaffen. Gleiches gilt für die Eifersucht: Sie tritt typischerweise auf, wenn eine Person, die man liebt, sich plötzlich mehr für jemand anderen interessiert. In diesem Fall wird eine eifersüchtige Person versuchen, die Beziehung zur anderen Person zu unterbinden und die Aufmerksamkeit wieder ganz auf sich zu lenken. Genau dieses Verhaltensmuster tritt auch bei Hunden in der entsprechenden Situation auf.

Tiere mancher Arten können sich sogar ungerecht behandelt fühlen. Ein spektakuläres Beispiel hierfür erbrachten Untersuchungen an Kapuzineraffen. Wenn die Tiere gelernt hatten, dass bei den Forschenden ein Spielstein gegen ein Stück Gurke eingetauscht werden kann, dann machten sie das mit Begeisterung. Wenn sie allerdings sahen, dass ein Artgenosse für den gleichen Spielstein im Austausch eine weit begehrtere Belohnung, nämlich eine Weintraube, erhielt, dann reagierten sie empört und machten bei späteren Tauschgeschäften nicht mehr mit. Noch heftiger reagierten sie, wenn ein Artgenosse eine Weintraube geschenkt bekam, ohne dafür einen Spielstein hergeben zu müssen. Auch Rabenvögel und Hunde scheinen solche Gefühlslagen zu kennen, die auf einen Sinn für Fairness verweisen.

Untersuchungen über den Zusammenhang von sozialer Umwelt, Verhalten und Stress offenbaren weitere verblüffende Parallelen zwischen Menschen und anderen Säugetieren. Dabei kann durch die Messung von Hormonen wie Cortisol oder Adrenalin in diesen Studien auf den inneren Zustand der Tiere geschlossen werden. Es zeigt sich: Soziale Faktoren und Situationen, die für den Menschen belastend beziehungsweise stressreduzierend sind, sind dies in derselben Art und Weise auch für andere Säugetiere. So ist beispielsweise eine stabile soziale Umwelt für das Wohlergehen sowohl von Menschen als auch von Tieren förderlich, während eine instabile soziale Umwelt zu starken Stressreaktionen und zu erhöhter Krankheitsanfälligkeit führt. Und für Mensch und Tier trifft gleichermaßen zu, dass eine ausgeprägte Integration in ein soziales Netz und gute Beziehungen zu sozialen Bindungspartnern eine stressreduzierende Wirkung haben.

Tiere haben und zeigen nicht nur Emotionen, sondern sie können den emotionalen Zustand ihrer Artgenossen auch wahrnehmen, teilen und positiv beeinflussen. Das heißt: Sie verfügen über Empathie. Säugetier- und Vogelmütter erkennen beispielsweise, wenn ihr Nachwuchs ängstlich oder gestresst ist, und können ihn durch ihr Verhalten beruhigen. Vor allem durch die Forschung des niederländischen Verhaltensforschers Frans de Waal wissen wir, dass manche Tiere auch zu weit komplexeren Formen der Empathie fähig sind. So kann es in Gruppen von Schimpansen zu heftigen Auseinandersetzungen kommen, bei denen ein Tier auch schon mal verprügelt und an den Rand der Gruppe gedrängt wird. Wenn es sich dort in bemitleidenswertem Zustand befindet, sucht häufig ein Gruppenmitglied Kontakt zu ihm, das den Konflikt beobachtet hat, aber nicht an ihm beteiligt war. Dieses Tier nimmt den Ausgestoßenen dann in den Arm, tröstet ihn und führt ihn in den Gruppenverband zurück. Solche Beobachtungen legen nahe, dass Schimpansen die Perspektive des anderen übernehmen, sich mit ihm identifizieren und gezielt helfen können. Das heißt: Sie könnten nicht nur zu emotionaler, sondern auch kognitiver Empathie fähig sein. Ein vergleichbares empathisches Trösten wurde auch für Gorillas, Elefanten, Hunde, Saatkrähen und Kolkraben nachgewiesen. Und auch Ratten sind zu komplexen empathischen Handlungen fähig: Wenn sie vor die Wahl gestellt wurden, entweder einen Käfig zu öffnen, um an eine Futterbelohnung zu gelangen, oder einen Käfig zu öffnen, um einen gefangenen Artgenossen zu befreien, dann entschieden sich die meisten Tiere zu helfen.

Zusammengefasst zeigt die aktuelle Forschung: Basale Emotionen dürften bei den nichtmenschlichen Säugetieren in sehr ähnlicher Weise vorkommen wie bei uns Menschen. Aber auch komplexere Emotionen sind bei unseren tierlichen Verwandten vorhanden. Zwar wissen wir nicht, wie Tiere die jeweilige Emotion subjektiv erleben – ob beispielsweise ein Tier, das seinen Partner verloren hat, dieselbe Trauer empfindet wie ein Mensch in einer vergleichbaren Situation. Aber mit Sicherheit können wir das auch nicht von anderen Menschen sagen. Viele Tiere haben nicht nur Emotionen, sondern sie verfügen auch über Empathie. Dabei treten mit zunehmenden kognitiven Fähigkeiten immer komplexere Formen empathischen Verhaltens auf. All dies zeigt: Auch bezüglich ihrer Gefühlswelt haben wir Tiere lange unterschätzt.

Vom schablonenhaften Verhalten zur Tierpersönlichkeit

In den Anfangszeiten der Verhaltensbiologie waren die Forschenden vor allem davon fasziniert, dass Tiere ein angeborenes Wissen besitzen, wie sie sich zu verhalten haben, und damit perfekt an ihren Lebensraum angepasst sind. Die Quelle dieses Wissens nannten sie: Instinkt. Sie entwickelten einflussreiche Theorien darüber, wie instinktives Verhalten ausgelöst werden kann. Bemerkenswerterweise prägen diese Vorstellungen das gesellschaftliche Denken über Tiere bis heute.

Demzufolge aktivieren Schlüsselreize in der Umwelt angeborene Auslösemechanismen, wodurch es zur Ausführung des zugehörigen instinktiven Verhaltens kommt. So ruft bei männlichen Stichlingen allein die rot gefärbte Bauchunterseite eines Rivalen heftigste Aggression hervor – seine Gesamterscheinung ohne dieses auffällige Merkmal hingegen nicht.

Tatsächlich bestätigten zahlreiche Untersuchungen, insbesondere an Vögeln, Fischen und Insekten, dass angeborene Verhaltensreaktionen durch Schlüsselreize ausgelöst werden können. Allerdings wurden diese Ergebnisse auf alle Verhaltensbereiche und alle Tierarten übertragen – eine aus heutiger Sicht ungerechtfertigte Verallgemeinerung. So entstand fälschlicherweise die Vorstellung, dass Tiere die Spielbälle ihrer Instinkte seien und reflexartig auf Schlüsselreize antworten. Die Entwicklung ihres Verhaltens sollte sich schablonenhaft vollziehen, in starren, vorherbestimmten Bahnen. Letztlich sollten sich alle Tiere einer Art – zumindest, wenn sie dasselbe Geschlecht haben und in derselben Altersklasse sind – nahezu identisch verhalten.

Eine solche Sichtweise verkannte allerdings, dass es im Laufe der Evolution der Wirbeltiere – von Fischen, über Amphibien und Reptilien, hin zu Vögeln und Säugetieren – zu einer immer stärkeren Unabhängigkeit von instinktiven Programmen gekommen ist und gleichzeitig Umwelteinflüsse sowie Lern- und Sozialisationsprozesse die Entwicklung des Verhaltens mitbestimmen.

Wie wichtig Sozialisationsprozesse bereits beim Tier sind, zeigten erstmals die Untersuchungen des US-amerikanischen Psychologen Harry Harlow und seines Teams vor etwa 60 Jahren.

Wurden Rhesusaffenkinder ohne Kontakt zur Mutter oder anderen Artgenossen künstlich aufgezogen, dann wuchsen sie zwar wie üblich heran und waren körperlich gesund, ihre Psyche und ihr Verhalten erwiesen sich aber als völlig gestört. Allein aufgrund ihrer Instinkte konnten sich die Affenkinder nicht zu sozial und emotional kompetenten Individuen entwickeln.

Heute wissen wir, dass nicht nur für Affen, sondern wahrscheinlich für alle Säugetiere das frühe soziale Umfeld entscheidend für die Entwicklung ihres Verhaltens ist. Fehlen Sozialpartner, dann kann es zu Defiziten und schweren Verhaltensstörungen kommen. Dabei ist nicht immer nur die Mutter zuständig für eine gelungene Sozialisation, sondern es können – je nach Tierart – auch der Vater, gleichaltrige Spielkameraden oder der gesamte Sozialverband sein.

Die frühe Kindheit ab der Geburt ist jedoch nicht der einzige Lebensabschnitt, in dem die Umwelt Einfluss auf die Verhaltensentwicklung nimmt. Immer mehr Forschungsarbeiten belegen: Umwelteinflüsse können bereits während der vorgeburtlichen Phase die Gehirnentwicklung tiefgreifend modulieren und das spätere Verhalten beeinflussen. Studien an Nagetieren, Huftieren und Affen zeigen zum Beispiel: Hat die Mutter während der Trächtigkeit in einer instabilen sozialen Umwelt gelebt, so weisen ihre Töchter im späteren Leben eine «Vermännlichung» des Gehirns, des Hormonhaushalts und des Verhaltens auf. Bei Söhnen kommt es hingegen zu einer verzögerten Entwicklung, und ihr Verhalten ist weniger stark maskulin geprägt.

Neben dieser pränatalen Phase und der frühen Kindheit wurde in den letzten Jahren auch die Adoleszenz – der allmähliche Übergang von der Kindheit zum Erwachsenenalter – als ein Lebensabschnitt erkannt, in dem das Verhalten durch soziale Erfahrungen nachhaltig geformt werden kann. So erwerben in Gruppen lebende Arten – darunter Affen, Nagetiere und Zebrafinken – in

Interaktionen mit Artgenossen wichtige soziale Fähigkeiten für das weitere Zusammenleben, beispielsweise wenn es darum geht, sich ohne Stress und Aggression mit Fremden zu arrangieren. Die Adoleszenz wird heute als eine sensible Phase betrachtet, in der wesentliche Aspekte des Verhaltens durch soziale Erfahrungen grundlegend verändert werden können.

Die Forschung zeigt jedoch auch: Wenn dieselben Umwelteinflüsse auf unterschiedliche Tiere derselben Art einwirken, dann muss das nicht zwangsläufig zu gleichförmigem Verhalten führen. Vielmehr können verschiedene Individuen aufgrund unterschiedlicher genetischer Ausstattung völlig unterschiedliche Charaktere ausbilden. Hierbei kommt sogenannten Plastizitätsgenen eine wesentliche Rolle zu. Diese können bei verschiedenen Individuen in unterschiedlicher Form auftreten und je nach Variante darüber entscheiden, ob und in welchem Ausmaß das Verhalten durch die Umwelt beeinflusst wird.

Eine der wichtigsten Erkenntnisse der Verhaltensbiologie in den letzten Jahren lautet: Durch das Zusammenspiel von genetischer Veranlagung und Umwelt-, Lern- und Sozialisationseinflüssen bilden sich auch bei Tieren einzigartige Charaktere heraus, die über lange Zeiträume hinweg stabil bleiben. Die Untersuchung solcher «Tierpersönlichkeiten» ist aktuell eines der Top-Themen, zu dem seit der Jahrtausendwende mehr als 9000 wissenschaftliche Artikel publiziert wurden.

Bestätigt wird darin für nahezu alle daraufhin analysierten Arten: Wenn ein Tier A heute aktiver oder mutiger ist als Tier B, dann war es das in aller Regel auch vor einiger Zeit und wird es auch in Zukunft sein. Auf den ersten Blick mag diese Erkenntnis nicht besonders spannend erscheinen. Spektakulär wird sie allerdings, wenn man den Blick auf natürliche Populationen von Singvögeln, Reptilien, Fischen und selbst Insekten wirft. Auch diese Tiere unterscheiden sich dauerhaft voneinander. Es bilden sich unverwechselbare Tierpersönlichkeiten heraus. Kein Stichling ist wie der andere, und jede Maus oder Kohlmeise unterscheidet sich von ihren Artgenossen. Auch Tiere in der Landwirtschaft entwickeln Verhaltensprofile, die sich klar und dauerhaft voneinander unterscheiden, selbst wenn sie unter denselben Bedingungen gehalten werden.

Zusammengefasst ist die Ausformung des Verhaltens ein Prozess, der von der pränatalen Phase über die Kindheit bis hin zur Adoleszenz reicht. Darüber hinaus mehren sich die Hinweise, dass lebenslanges Lernen möglich ist. So wie wir Menschen sind auch die nichtmenschlichen Säugetiere während ihres ganzen Lebens für Umwelteinflüsse und Lernprozesse «offene Systeme». Und wie bei uns führt das Zusammenspiel von Genom und Umwelt zur Ausbildung unverwechselbarer Individuen. Eine solche Komplexität der Verhaltensentwicklung hin zu einzigartigen Persönlichkeiten ist bei Tieren lange Zeit nicht für möglich gehalten worden.

Sind Tiere die «besseren Menschen»?

Tiere verhalten sich zum Wohle der Art: Dieses Dogma war in der Verhaltensbiologie noch bis in die 1980er-Jahre weitverbreitet und ist in der öffentlichen Meinung nach wie vor omnipräsent. Man glaubte, dass es im Grunde gleich sei, wer überlebt und wer stirbt, wer warnt und wer gefressen wird, wer sich fortpflanzt und wer die Brutpflege übernimmt – Hauptsache, die Art überlebt.

Aber bereits in den 1960er- und 1970er-Jahren zeigten die Arbeiten und Schriften von Wissenschaftlern wie William Hamilton oder Richard Dawkins, dass dieses Dogma so nicht haltbar ist. Vielmehr tun Tiere alles, damit Kopien der *eigenen* Gene höchst effizient in die nächste Generation gelangen oder evolutionsbiologisch ausgedrückt: um ihre Darwin'sche Fitness zu maximieren. Wenn sie dieses Ziel am ehesten erreichen, indem sie Artgenossen helfen und mit ihnen zusammenarbeiten, dann tun sie genau das. Wenn Tiere dieses Ziel aber eher durch Nötigung, Aggression oder das Töten von Artgenossen erreichen, dann werden sie sich entsprechend auf diese Weise verhalten.

In der öffentlichen Diskussion überwiegt vorrangig das Bild der – nach menschlichen Moralvorstellungen – «guten Tiere» (vgl. den Beitrag von Michael Miersch). Und es ist richtig, dass das Leben vieler Säugetiere durch prosoziales Verhalten, umfangreiche Kooperation und Harmonie gekennzeichnet ist. Wie wir gesehen haben, verfügen Vertreter mancher Arten sogar über einen Sinn für Fairness, verstehen und teilen die Emotionen anderer, trösten Gruppenmitglieder bei Bedarf, und sie verfügen im Falle von Konflikten über ausgeklügelte Mechanismen der Lösung und Versöhnung.

Es ist aber auch richtig, dass ebendiese Tiere zur Durchsetzung ihrer Interessen drohen und kämpfen, nötigen und vergewaltigen und auch nicht davor zurückschrecken, Artgenossen umzubringen. Dies zeigen immer mehr Langzeituntersuchungen aus dem natürlichen Lebensraum der Tiere. So können bei vielen Arten – von Huftieren über Affen bis hin zu Delfinen – sexuelle Belästigungen der Weibchen durch die Männchen beobachtet werden. Und in den unterschiedlichsten Tiergesellschaften – von Seeelefanten bis zu Orang-Utans – zwingen vor allem jüngere und rangniedere Männchen Weibchen gegen ihren Willen zur Kopulation. Infantizid, das Töten von Jungtieren, kommt bei langlebigen Säugetieren, die in festen Gruppen leben – darunter Affen, Nagetiere und Raubtiere –, häufig dann vor, wenn fremde Männchen in den Sozialverband eindringen. Dabei kann Kindestötung – wie bei den Berggorillas – einen erheblichen Teil der Jungtiersterblichkeit ausmachen. Auseinandersetzungen mit Todesfolge gibt es auch zwischen Geschwistern, insbesondere dann, wenn Mütter nicht genügend Milch für alle Nachkommen haben. Studien an Tüpfelhyänen demonstrieren das auf drastische Weise. Darüber hinaus zeigen Untersuchungen vor allem an Huftieren, dass es auch in Auseinandersetzungen zwischen erwachsenen Männchen deutlich häufiger zu schweren Verletzungen und Todesfällen kommt, als ursprünglich angenommen wurde.

Berühmtheit erlangten in diesem Zusammenhang die «Kriege der Schimpansen». Vor fast 40 Jahren beschrieb Jane Goodall erstmals, wie sich Männchen einer größeren Gruppe zusammentaten und im Laufe weniger Jahre alle Männchen einer benachbarten kleineren Gruppe umbrachten. Heute wissen wir, dass solch kriegerische Auseinandersetzungen kein Einzelfall sind. Insgesamt konnten während der letzten Jahrzehnte etwa 150 Tötungen von Schimpansen durch Artgenossen beobachtet werden, und es gab sie in nahezu allen Untersuchungsgebieten.

Zusammengefasst ging man über viele Jahrzehnte in der Verhaltensbiologie davon aus, dass Tiere sich zum Wohle der Art verhalten und eine Hemmung besteht, Artgenossen zu töten. Eine generelle Tötungshemmung gegenüber Mitgliedern der eigenen Spezies existiert aber offenbar nicht. Nach dem heutigen Stand des Wissens tun Tiere alles, um mit maximaler Effizienz Kopien ihrer *eigenen* Gene in die nächste Generation weiterzugeben. Die «besseren Menschen» sind die Tiere nicht! Offenbar haben wir sie auch bezüglich dieser Merkmale lange falsch eingeschätzt.

Fazit

Die Erkenntnisse der Verhaltensbiologie haben unser wissenschaftliches Bild vom Tier fundamental verändert, und sie helfen uns, Tiere besser zu verstehen. Ganz gleich, ob wir ihr Denken, Fühlen oder Verhalten betrachten: Wir haben sie lange unterschätzt und fehlinterpretiert.

Angesichts all der neuen Erkenntnisse ist es an der Zeit, unseren Umgang mit Tieren elementar zu überdenken. Dabei geht es bei Tieren in menschlicher Obhut um das Wohlergehen jedes *einzelnen* Individuums. Im deutschen Tierschutzgesetz heißt es an zentraler Stelle sinngemäß: Wer ein Tier hält oder betreut, muss es seiner Art und seinen Bedürfnissen entsprechend verhaltensgerecht unterbringen. Solche Forderungen können aber nur adäquat umgesetzt werden, wenn die Tiere nicht unterschätzt oder fehlinterpretiert werden (vgl. auch den Beitrag von Jörg Luy). Eine verhaltensgerechte Unterbringung von Tieren und ein tiergerechter Umgang mit ihnen – in der Landwirtschaft, im Privathaushalt, im Zoo – sähe oftmals anders aus als bisher, wenn wir den Stand der Forschung ernst nähmen und akzeptierten: Viele Tiere verfügen über positive und negative Emotionen, sie haben hohe kognitive Fähigkeiten, bedürfen der Sozialisation und bilden einzigartige Persönlichkeiten aus. Wichtig ist in diesem Zusammenhang aber auch: Trotz aller Ähnlichkeiten mit uns können wir nicht einfach von uns auf andere Arten schließen: Elefanten sind keine großen Menschen und Hunde keine kleinen (vgl. hierzu den Beitrag von Achim Gruber). Jede Art, ja jedes Individuum ist einzigartig und hat eigene Ansprüche an ein «gutes, tiergerechtes Leben».

Die Revolution des Tierbildes durch die Verhaltensbiologie hat zu einer realistischeren Einschätzung der Tiere jenseits von Romantisierung und Idealisierung geführt. Nach dem, was wir heute wissen, können wir wissenschaftlich fundierte Antworten auf zentrale Fragen geben, die den Umgang mit Tieren betreffen, zum Beispiel, welche Auswirkungen die jeweilige Umwelt auf das Denken, Fühlen und Verhalten der Individuen hat. Aber wie viel «tiergerechtes Leben» unsere Gesellschaft Kühen, Schweinen, Hühnern, Mäusen, Hunden oder Katzen zugesteht, kann nicht von der Wissenschaft entschieden werden. Das muss das Ergebnis eines möglichst breiten, demokratischen Diskurses sein, der evidenzbasiert, auf der Grundlage aktuellen verhaltensbiologischen Wissens erfolgen sollte (vgl. hierzu die Beiträge von Ursula Wolf und Michael Quante). Bereits jetzt hat die Revolution des Tierbildes zu einem Bewusstseinswandel in unserer Gesellschaft geführt. Nun muss sie auch zu einem verbesserten Umgang mit den Tieren führen!

Empfohlene Literatur:

Clutton-Brock, T. H., Mammal Societies. John Wiley & Sons, Chichester, West Sussex, 2016.

De Waal, F., Are We Smart Enough to Know How Smart Animals Are? New York, W. W. Norton & Company Inc, 2016.

Kappeler, P., Verhaltensbiologie. 5. Aufl., Springer, Heidelberg, 2020.

Sachser, N., Der Mensch im Tier. Warum Tiere uns im Denken, Fühlen und Verhalten oft so ähnlich sind. Rowohlt Verlag, Reinbek bei Hamburg, 2018.

Sachser, N., Kaiser, S., Hennessy, M. B., Behavioural profiles are shaped by social experiences: when, how and why. *Philosophical Transactions of the Royal Society* B 368: 201203344, 2013.

Tinbergen, N., The Study of Instinct. Oxford University Press, London, 1951.

SYLVIA KAISER, HELENE RICHTER

DON'T WORRY, BE HAPPY?

Ein verhaltensbiologischer Blick auf das Gefühlsleben der Tiere

Was fühlt ein Tier? Ist es glücklich, traurig, wütend oder ängstlich? Kann es Liebe oder Eifersucht empfinden? Und kennt ein Tier auch Gefühle wie Ekel, Frust oder Neid?

Noch zu Gründungszeiten der modernen Verhaltensbiologie vor etwa 50 Jahren hätten die Nobelpreisträger Konrad Lorenz, Nikolaas Tinbergen und Karl von Frisch die Erforschung von Emotionen bei Tieren wohl eher skeptisch betrachtet. Der Grund: Das Thema galt lange Zeit als wissenschaftlich nicht greifbar. Denn wie lässt sich etwas verlässlich messen, was so subjektiv ist wie ein Gefühl?

Mittlerweile ist die Forschung einen großen Schritt weiter, und es gibt wichtige Erkenntnisse, die auf das Vorhandensein von Emotionen bei Tieren hindeuten. So ähneln sich Mensch und Tier im Aufbau des Gehirns und auch auf Ebene der Physiologie und des Verhaltens.

Wenn zum Beispiel eine Maus auf eine Katze trifft, dann lassen sich verschiedene Reaktionen beobachten, die denen von Menschen in Gefahrensituationen sehr ähnlich sind: Es werden Stresshormone ausgeschüttet, das Herz schlägt schneller, die Maus konzentriert sich ganz auf die Gefahrenquelle und flüchtet dann blitzschnell in ein Erdloch. Gleichzeitig werden im Gehirn die Areale aktiviert, die auch beim Menschen in solchen Situationen die Steuerung übernehmen. In der Summe ist eine Maus also durchaus sehr «menschlich» – was liegt da näher, als davon auszugehen, dass auch eine Maus in einer solchen Situation Furcht empfindet?

Solche und ähnlich verblüffende Analogien zwischen Mensch und Tier sind es nun, die uns Wissenschaftler*innen ziemlich sicher davon ausgehen lassen, dass Tiere Emotionen haben. Sie lassen sich zwar nicht direkt messen, aber durch geeignete Methoden plausibel erschließen. Daraus ergibt sich auch: Die Verhaltensbiologie beschäftigt sich heutzutage nicht mehr nur mit der Frage, ob Tiere Emotionen haben oder nicht, sondern vielmehr mit einer Vielzahl an Folgefragen, die sich aus dieser Annahme ergeben: Haben beispielsweise alle Tiere Emotionen, oder sind es nur bestimmte Gruppen von Tieren, die dem Menschen besonders nahestehen? Welche Emotionen lassen sich bei Tieren unterscheiden, und wie können wir diese sauber erfassen?

Bevor wir uns im Folgenden genau diese Fragen näher anschauen möchten, ist zunächst jedoch zu klären, warum die Erforschung von Emotionen bei Tieren heutzutage so immens wichtig ist. Emotionen werden durch bestimmte Reize, Situationen oder Umweltereignisse ausgelöst. Sie helfen nicht nur bei der Bewertung von Umweltreizen, sondern bereiten den Organismus physiologisch und psychologisch auf entsprechende Handlungen vor. Aus verhaltens- und evolutionsbiologischer Sicht entwickelten sich Emotionen durch das Wirken der natürlichen Selektion und stellen Anpassungen an die Umwelt von Tieren dar. Ihre Erforschung ist aber nicht nur wichtig, um eben diese Anpassungsmechanismen zu studieren, sondern vor allem auch, um die in unserer Gesellschaft immer wichtiger werdenden Fragen nach dem Wohlergehen von Tieren beantworten zu können. Die Vermeidung von Leiden, Schmerzen, Schäden, Angst und Stress ist das zentrale Kriterium für den Tierschutz geworden. Um also das Wohlergehen von Tieren im Zoo, im Zirkus, in Tierversuchen, in der Landwirtschaft oder zu Hause adäquat beurteilen zu können, müssen sowohl Aussagen über den physischen als auch über den emotionalen Zustand getroffen werden. Es ist damit eine drängende Aufgabe unserer Zeit geworden, einen wissenschaftlich fundierten Einblick in das «Gefühlsleben der Tiere» zu bekommen.

Welche Tiere haben Emotionen?

Gehen wir nun davon aus, dass Tiere Emotionen haben, stellt sich als Nächstes die Frage, ob dies für alle Tierarten gleichermaßen gilt oder nur für bestimmte Gruppen. Um sich einer Antwort zu nähern, lohnt ein Blick in die humanwissenschaftliche Literatur. Zahlreiche Studien belegen, dass es eine Funktionseinheit im Gehirn gibt, die insbesondere für die Entstehung und Verarbeitung von Emotionen zuständig ist: das sogenannte limbische System. Diese bandförmige Struktur ist stammesgeschichtlich sehr alt und nicht nur im menschlichen Gehirn zu finden – auch Säugetiere und Vögel besitzen ein limbisches System, und in rudimentärer Form ist es sogar bei Reptilien zu finden. Mittels bildgebender Verfahren lässt sich nun zeigen, dass in emotional fordernden Situationen genau diese Funktionseinheit auch bei Tieren dieser drei Klassen aktiviert wird. Diese strukturellen und funktionellen Analogien zwischen Mensch und Tier machen das Vorhandensein von Emotionen bei diesen Tieren also sehr wahrscheinlich. Was aber ist mit Tieren, die kein limbisches System besitzen? Haben sie von vornherein nicht die Voraussetzung, um Emotionen zu empfinden?

Interessanterweise zeigen auch Tiere ohne diese Strukturen Verhaltensweisen, die auf das Vorhandensein von Emotionen hindeuten. So führen beispielsweise bedrohlich wirkende Signale bei Fischen zu einer Fluchtreaktion, das heißt, die Tiere ziehen sich aktiv vor dem Auslöser zurück. Auf der anderen Seite nähern sich Fische potenziellen Paarungspartnern an. Sie bewegen sich also freiwillig auf diesen Reiz zu. Das Zurückweichen bzw. das Annähern kann nun als Hinweis auf das Vorhandensein von negativen bzw. positiven Emotionen verwendet werden. Innerhalb der Wirbeltiere spricht also durchaus einiges dafür, dass auch Tiere ohne limbisches System Emotionen empfinden können.

Relativ jung hingegen ist die Frage, ob auch Wirbellose wie Insekten oder Weichtiere Emotionen haben. Insbesondere die vergleichsweise weniger komplex aufgebauten Nervensysteme dieser Tiere werfen immer wieder die Frage auf, ob ihnen eine den Wirbeltieren ähnliche Emotionsverarbeitung überhaupt möglich ist. Überraschende Forschungsergebnisse der letzten Jahre zeigen aber, dass die Fähigkeiten dieser Tiere nur zu häufig unterschätzt werden. So lassen sich bei Bienen, Ameisen und Krebsen, insbesondere bei Zehnfußkrebsen wie Langusten oder Hummer, verschiedene kognitive, verhaltensbezogene und/oder physiologische Phänomene beobachten, die auf emotionsähnliche Zustände hindeuten. Es ist also durchaus davon auszugehen, dass eine entsprechend ausgerichtete Diskussion die verhaltensbiologische Forschung in den nächsten Jahrzehnten bereichern wird.

Welche Emotionen können wir bei Tieren unterscheiden?

Nicht weniger kompliziert gestaltet sich die Frage nach der Ausprägung verschiedener Emotionen bei Tieren: Beobachten wir beim Tier etwa ganz ähnliche Emotionen wie beim Menschen, oder haben Tiere vielleicht sogar Emotionen, die wir Menschen gar nicht kennen? In der humanwissenschaftlichen Emotionsforschung wird in der Regel zwischen primären und sekundären Emotionen unterschieden. Primäre Emotionen, wie Angst und Freude, werden dabei als evolutionär ursprünglicher eingestuft – sie sind deutlich weniger komplex als Sekundäremotionen wie Empathie, Eifersucht oder Stolz, und werden weniger an das Vorhandensein bestimmter kognitiver Fähigkeiten geknüpft. Vor diesem Hintergrund ist es auch nicht überraschend, dass sich die verhaltensbiologische Forschung zunächst einmal auf die Untersuchung primärer Emotionen beim Tier konzentriert hat. Die am intensivsten untersuchten Emotionen sind dabei zweifelsohne Angst und Furcht: Wie anfangs bereits beschrieben, laufen bei unserer Maus in bedrohlichen Situationen verblüffend ähnliche Reaktionen wie bei uns Menschen ab: Das Herz beginnt zu rasen, die Atmung wird schneller, Stresshormone werden ausgeschüttet, und sie flüchtet blitzschnell oder verharrt regungslos in ihrer Position. Ähnlich überzeugende Hinweise für das Vorhandensein von Angst und Furcht liefern pharmakologische Studien: So werden Mäuse und Ratten deutlich mutiger, wenn sie Substanzen bekommen, die beim Menschen Angst lindern, und reagieren ängstlicher, wenn sie hingegen Substanzen bekommen, die beim Menschen Angst auslösen. Es ist also davon auszugehen, dass durch die Gabe von Psychopharmaka genau die Angstschaltkreise im Gehirn aktiviert werden, die auch beim Menschen auf diese Substanzen reagieren.

Deutlich schwieriger ist es, Analogien zwischen Mensch und Tier zu nutzen, um auf das Vorhandensein verschiedener Sekundäremotionen rückzuschließen. Dies liegt zum einen daran, dass auch beim Menschen noch nicht klar ist, wie das Gehirn die meisten sekundären Emotionen überhaupt hervorbringt. Es ist zum anderen aber auch darauf zurückzuführen, dass die tierbasierte Forschung zu diesem Thema noch in den Kinderschuhen steckt. Um dennoch etwas über diese Emotionen sagen zu können, versuchen einzelne Studien Folgendes: Tiere werden gezielt in Situationen gebracht, die beim Menschen dafür bekannt sind, ein bestimmtes Verhalten und bestimmte Emotionen hervorzurufen. Wenn die Tiere dann ein dem Menschen vergleichbares Verhalten zeigen, wird dies als Hinweis auf eine entsprechende Emotion verwendet. So zeigen Hunde beispielsweise «eifersüchtiges» Verhalten, wenn sie beobachten müssen, wie ihre Bezugsperson sich ausgiebig mit einem fremden Hund beschäftigt: Sie drängen sich zwischen ihre Bezugsperson und den fremden Hund und versuchen gleichzeitig, die Aufmerksamkeit auf sich zu lenken. Völlig egal ist ihnen hingegen, wenn ihr Mensch sich ähnlich ausgiebig mit einem unbelebten Objekt beschäftigt. Ähnlich interessant sind Studien zum Thema Empathie bei Tieren: Gibt man etwa Ratten die Möglichkeit, einen Artgenossen aus einem kleinen Käfig zu befreien, so tun sie dies umgehend, auch wenn sie selbst keinerlei Vorteil davon haben. Sie machen es sogar auch dann noch, wenn sie die Wahl zwischen einem Stückchen Schokolade und dem Artgenossen haben.

Gleichzeitig gibt es aber auch verschiedene Argumente, die zur Vorsicht mahnen: Nicht alles, was gleich aussieht, ist auch gleich. Delfine sehen zum Beispiel immer so aus, als würden sie lächeln. Dies ist allerdings nicht auf eine immer gute Laune zurückzuführen, sondern vielmehr ist dies ein Produkt ihrer fehlenden Gesichtsmuskulatur und der Form ihres Unterkiefers. Die Tiere scheinen daher auch in Situationen zu lächeln, in denen sie eigentlich Angst empfinden. Auch sollten wir nicht vergessen, dass Emotionen durch das Wirken der natürlichen Selektion entstanden sind. Emotionen helfen den Tieren also, adäquat auf ihre Umwelt zu reagieren, sich fortzupflanzen und zu überleben. Vor diesem Hintergrund ist es nun aber auch vorstellbar, dass bei verschiedenen Tieren in unterschiedlichen Lebensräumen auch unterschiedliche

Emotionen entstanden sind. Konkret könnte das bedeuten: Es gibt vielleicht ein Set an Emotionen, die wir mit anderen Tieren teilen, aber es könnte auch Emotionen geben, die nur der Fuchs, nur der Wal oder nur die Amsel kennt.

Ist es also wirklich zielführend, spezifische, uns bekannte Emotionen auch beim Tier zu unterscheiden? Solange wir über primäre Emotionen reden: Ja, denn diese können wir mithilfe von physiologischen, neurobiologischen und pharmakologischen Untersuchungen plausibel ergründen. Wenn es aber um die Unterscheidung verschiedener Sekundäremotionen geht, bleibt eine gewisse Unsicherheit. Wir beobachten zwar, dass Tiere sich nach menschlichem Ermessen «empathisch», «eifersüchtig», «stolz» oder «neidisch» verhalten, wissen aber nicht, ob ihre Emotionen in diesen Situationen wirklich denen von Menschen entsprechen. Viele Wissenschaftler*innen plädieren dafür, sich auf die Erfassung von positiven und negativen emotionalen Zuständen zu konzentrieren, ohne die spezifische Emotion benennen zu wollen. Die zentrale Frage aus Sicht der Verhaltensbiologie lautet demnach: Wie können wir mit naturwissenschaftlichen Methoden sauber zwischen positiven und negativen emotionalen Zuständen unterscheiden?

Wie können wir Emotionen bei Tieren messen?

Die meisten Haustierbesitzer*innen, Tierpfleger*innen, Landwirt*innen und Wissenschaftler*innen werden bei ihren Tieren auf einer subjektiven Ebene erkennen können, dass Emotionen vorliegen und welcher Natur sie sind. Aber reicht dieses subjektive Wissen? Nein! Denn um tiergerechte Haltungsbedingungen im Labor, Zoo oder der Landwirtschaft zu gewährleisten, um zu entscheiden, in welchen Situationen es einem Tier gut geht oder nicht, müssen wir in der Lage sein, Emotionen mit wissenschaftlichen Methoden objektiv und wiederholbar zu messen. Schließlich können wir das Tier nicht einfach fragen, wie es sich fühlt. Um genau diese Hürde zu überwinden, hilft uns das sogenannte Komponentenmodell aus der Psychologie. Demnach bestehen Emotionen aus einer subjektiven, einer physiologischen, einer Verhaltens- und einer kognitiven Komponente. Was heißt das genau? Stellen wir uns vor, dass wir ein Vorstellungsgespräch für unseren Traumjob vor uns haben. Die Gefühle kurz vorher sind subjektiv sehr unterschiedlich. Auch wenn vermutlich jede Person eine gewisse Angst verspürt, werden die Intensität und Art der Angst subjektiv sehr unterschiedlich wahrgenommen. Diese subjektive Komponente geht mit physiologischen Reaktionen einher: Unser Puls beschleunigt sich, unser Herz rast, wir schwitzen vor Aufregung. Auch unser Verhalten verändert sich: Wir laufen nervös auf und ab, können nicht ruhig sitzen bleiben oder wippen mit den Beinen. Gleichzeitig ändern sich auch unsere kognitiven Prozesse: Wir konzentrieren uns voll und ganz auf das Vorstellungsgespräch, lenken unsere Aufmerksamkeit auf dieses Ereignis und nehmen dafür unsere Umgebung nur noch begrenzt wahr.

Wie kann uns diese Erkenntnis nun dabei helfen, Emotionen bei Tieren zu messen? Wären wir nur auf die subjektive Komponente angewiesen, wäre dies nahezu unmöglich. Glücklicherweise können die anderen drei Komponenten von Emotionen dafür jedoch sehr gut genutzt werden: Sie sind wissenschaftlich quantifizierbar. So sind die im obigen Beispiel genannten physiologischen Reaktionen auf eine erhöhte Ausschüttung von Stresshormonen zurückzuführen. Diese Hormone kommen nicht nur beim Menschen, sondern auch bei Tieren vor und ihre Konzentrationen können wir vergleichsweise einfach messen. Dies ist uns nicht nur aus Blutproben möglich: Heutzutage reichen schon einige Haare oder eine Feder aus! Ein Problem gibt es hierbei allerdings: Viele physiologische Reaktionen verlaufen in belastenden Situationen und in Situationen, die Freude auslösen, ähnlich: Wenn ein Tier einen Kampf mit einem Artgenossen verliert, ist das sicher unangenehm. Wenn es dagegen die Möglichkeit hat, sich zu verpaaren, wird das eher positive Emotionen auslösen. Beide Situationen führen jedoch dazu, dass der Körper in erheblichem Maße Stresshormone ausschüttet. Oder menschlich gedacht: Ein Lottogewinn hat ähnliche physiologische Auswirkungen wie das oben erwähnte Vorstellungsgespräch!

Wie können wir dieses Problem nun lösen? Indem wir uns Verhaltensindikatoren für Emotionen ansehen: Es gibt sowohl geeignete Indikatoren für positive als auch für negative Emotionen. Im ersten Fall lohnt ein Blick auf das Spielverhalten eines Tieres. Denn gespielt wird nur, wenn es einem Tier an nichts mangelt und es sich wohlfühlt. Um hingegen auf negative Emotionen rückschließen zu können, sind Verhaltensstörungen aussagekräftige Indikatoren. Bekannt ist hier zum Beispiel das Federpicken bei Hühnern in der Intensivtierhaltung oder das rhythmische Hin- und Herschaukeln von Elefanten im Zoo. Seit ca. 10 Jahren gibt es zudem quantitative Methoden, die Veränderungen im Gesichtsausdruck von Tieren nutzen, um auf ihre Emotionen rückzuschließen. Ursprünglich wurde diese Methode in den 1970er-Jahren entwickelt, um Gesichtsausdrücke beim Menschen systematisch zu beschreiben und anhand von diesen – mittels Kodiersystem – auf Emotionen wie Wut, Freude oder Angst rückzuschließen. Allerdings besitzt nicht jedes Tier eine ausdrucksstarke Mimik. Es kann also durchaus Tiere geben, bei denen über diese Methode bestimmte Emotionen nicht nachgewiesen werden können, obwohl sie möglicherweise vorhanden sind.

Der emotionale Zustand von Tieren kann nicht nur in ihrer vertrauten Umgebung, sondern auch in einer fremden Testumgebung untersucht werden. Weitverbreitet sind in diesem Zusammenhang sogenannte «befindensrelevante Kurztests». Was kann man sich darunter vorstellen? Werden Mäuse oder Ratten beispielsweise in eine offene, hell erleuchtete Arena gesetzt, kann die Aufenthaltsdauer im Randgebiet bzw. im offenen mittleren Bereich gemessen werden. Nagetiere vermeiden offene Flächen, da diese in freier Wildbahn mit größeren Gefahren verbunden sind. Die Dauer des Aufenthalts im ungeschützten Mittelfeld im Vergleich zum geschützteren Randbereich ist daher ein gutes Maß für den Grad der Ängstlichkeit.

Schließlich kann auch die Kognition bei der Messung von Emotionen bei Tieren helfen. Die enge Verknüpfung von Emotionen und Kognition wird bei der Bewertung ambiger, also mehrdeutiger Reize deutlich: «Ist das Glas halb voll oder halb leer?» Die Beantwortung dieser Frage hängt beim Menschen sehr stark von seinem emotionalen Zustand ab und spiegelt damit das aktuelle Wohlbefinden wider: Für traurige Menschen ist das Glas halb leer, sie neigen dazu, ambige Reize pessimistisch zu bewerten. Glückliche Menschen hingegen sehen das Glas als halb voll an, sie bewerten ambige Reize eher optimistisch. Seit einigen Jahren wird genau dieses Wissen bei der Bestimmung von Emotionen bei Tieren genutzt. Die dafür eingesetzten Testverfahren folgen dabei immer ein- und demselben Grundprinzip, egal, bei welchen Tieren sie angewendet werden: Die Tiere lernen zunächst, einen Reiz mit einer Belohnung und einen zweiten Reiz mit einer Bestrafung zu verbinden (z. B. ein hoher Ton wird mit einer Futterbelohnung und ein tiefer Ton mit einer Bestrafung assoziiert). In einem zweiten Schritt wird ihnen ein ambiger Reiz präsentiert, der sich genau zwischen den ursprünglich präsentierten Reizen befindet (z. B. ein

Ton in dazwischenliegender Höhe) – ihnen wird also das bis zur Hälfte gefüllte Glas präsentiert. Die Reaktion der Tiere auf den ambigen Reiz zeigt an, ob sie diesen eher optimistisch oder eher pessimistisch interpretieren. In Analogie zu traurigen Menschen erlaubt eine pessimistische Bewertung nun den Rückschluss auf einen negativen emotionalen Zustand, während eine optimistische Bewertung ein Hinweis auf einen positiven emotionalen Zustand ist. Eine Studie mit Ratten konnte beispielsweise zeigen, dass chronisch gestresste Tiere ambige Reize deutlich pessimistischer bewerteten als nichtgestresste Tiere – das Glas war also «halb leer» für sie.

Welche Implikationen hat dieses Wissen für unseren Umgang mit Tieren?

Wir halten fest: Tiere haben Emotionen. Sie empfinden Schmerzen, Angst, Furcht, Freude und Wohlgefühl wie wir. Sie können optimistisch oder pessimistisch gestimmt sein, und mittels verschiedener Methoden können wir feststellen, dass bestimmte Situationen oder Erfahrungen ihr Wohlergehen verbessern und zu positiven Emotionen führen, während andere Faktoren zu einer Verschlechterung ihres Wohlergehens beitragen und negative Emotionen zur Folge haben. Was aber bedeutet dieses Wissen nun für unseren Umgang mit Tieren? Was bedeutet das für unsere Tiere zu Hause, die wir als Familienmitglieder hegen und pflegen oder als Lifestyle-Accessoire betrachten? Was bedeutet es für all jene Tiere, die wir in Massen züchten, nur um sie unter extremen Bedingungen zu mästen und im Anschluss zu verzehren? Was bedeutet es für die Tiere, die wir in Versuchen einsetzen, um beispielsweise die Entstehung von Erkrankungen zu verstehen und neue Medikamente zu entwickeln? Und was bedeutet es für die Tiere, die wir in unseren Zoos halten, um sie in unserer Freizeit besuchen und jederzeit hautnah erleben zu können (vgl. den Beitrag von Simone Schehka)?

Während wir die Fragen nach dem Vorhandensein, der Qualität und der Messbarkeit von Emotionen mithilfe von naturwissenschaftlichen Erkenntnissen plausibel erschließen konnten, reicht ein rein verhaltensbiologischer Blick an dieser Stelle nicht aus, um Antworten auf die hier formulierten, teilweise tierethisch-orientierten Fragen zu geben (vgl. die Beiträge von Ursula Wolf und Michael Quante). Um dennoch mögliche Problemfelder identifizieren und eine kritische Auseinandersetzung zu ermöglichen, möchten wir im Folgenden versuchen, exemplarisch zwei Nutzungsbereiche näher unter die Lupe zu nehmen, die auf den ersten Blick nicht unterschiedlicher sein könnten: Haus- und Nutztiere. Beide Gruppen leben in Menschenhand, jedoch unter völlig verschiedenen Bedingungen. Wir gehen nicht nur grundsätzlich unterschiedlich mit ihnen um – nein, wir halten sie auch unter vollkommen verschiedenen Voraussetzungen.

In deutschen Haushalten leben etwa 34,4 Millionen Tiere – darunter sind Hund und Katze besonders beliebt. Haustiere werden fest in die Familie integriert, als Spielkamerad geschätzt und als gleichwertiger Sozial- und Interaktionspartner anerkannt. Sie sorgen nachweislich für eine höhere Lebenszufriedenheit, helfen, Stress abzubauen, und geben uns Menschen das Gefühl, gebraucht zu werden. Gleichzeitig neigen wir dazu, unsere geliebten Tiere zu vermenschlichen, ihnen typisch menschliche Intentionen zuzuschreiben und ihre Verhaltensweisen aus rein menschlicher Perspektive zu interpretieren. Dem frierenden Chihuahua ziehen wir im Winter ein Mäntelchen an und der immer treu blickende Labrador darf am Tisch mitessen. Die Folgen davon sind jedoch wenig menschlich: Immer mehr Haustiere leiden an Übergewicht,

Herz-Kreislauf-Erkrankungen oder an – durch zu engen Körperkontakt bedingten – Infektionskrankheiten. Zudem führt unser Wunsch nach besonders «süßen» oder «kleinen» Tierfreunden zu Extremzuchten mit «Nebenwirkungen». Denn die großen Kulleraugen verbunden mit einer flachen Nase und einem kurzen, runden Kopf haben ihren Preis: So leiden Mops, Bulldogge und Co häufig an Atemnot, Augen- und Ohrenproblemen, Hautinfektionen und Kommunikationsproblemen (vgl. den Beitrag von Achim Gruber).

Weit weniger liebenswert scheinen uns Schwein, Rind, Huhn, Ziege und Schaf zu sein – und das, obwohl gerade diese Tiere die Statistiken deutlich anführen: Allein im Jahr 2018 wurden in Deutschland rund 764 Millionen Nutztiere geschlachtet, darunter 703 Millionen Geflügeltiere. Es ist aber nicht nur diese enorm hohe Zahl, die uns aufhorchen lassen sollte, es sind auch die vielen wenig tiergerechten Begleiterscheinungen: In der konventionellen Geflügelmast leben die Hühner beispielsweise in großen, geschlossenen Hallen. Eine Besatzdichte von 40 000 Tieren pro Halle ist normal. Auslauf ist nicht vorgesehen, und die Stallfläche ist gänzlich unstrukturiert und nur von Futtertrögen und Tränken durchzogen. Natürliche Verhaltensweisen wie Fortbewegung, Scharren, Gefiederputzen oder Flügelschlagen sind kaum noch möglich, Verhaltensstörungen sind an der Tagesordnung, und viele Hühner leiden an schmerzhaften Fußballenerkrankungen (vgl. den Beitrag von Jörg Luy).

Während wir bei Haustieren ganz selbstverständlich davon ausgehen, dass sie Emotionen haben, denken wir bei Nutztieren kaum darüber nach. Gleichzeitig erdrücken wir unsere Haustiere nahezu vor Liebe, behandeln unsere Nutztiere jedoch mit wenig Mitgefühl. Das Ergebnis ist dennoch ähnlich: Wir werden unseren Tieren oftmals nicht gerecht. Denn die oben ausgeführten Überlegungen machen nur zu deutlich: Beide Tiergruppen haben Emotionen. Sie empfinden Angst und Freude wie wir, haben Schmerzen und leiden unter den wenig tiergerechten Bedingungen, egal, ob dies aus Liebe oder anderer Motivation heraus geschieht! Dass wir die Tiere heutzutage also immer noch so behandeln und halten, lässt sich aus wissenschaftlicher Perspektive längst nicht mehr vertreten.

Welche drängenden Fragen werden uns in der Zukunft beschäftigen?

Während unser bisheriges Wissen bereits Grund genug ist, um den Umgang mit Tieren in unserer Gesellschaft kritisch zu reflektieren, gilt es gleichzeitig, dieses Wissen in den nächsten Jahren und Jahrzehnten weiter auszubauen. Denn noch lange liegt ein Großteil der «Gefühlswelt» von Tieren im Verborgenen. So wissen wir nicht, ob auch (einige) Wirbellose emotionsähnliche Zustände erleben oder ob einige Tiere nicht doch auch bewusst über Emotionen reflektieren können. Gleichzeitig stellt sich die Frage, ob es bei Tieren auch Emotionen gibt, die wir Menschen gar nicht kennen, und wenn ja, wie wir diese erfassen können? Brauchen wir ganz neuartige Werkzeuge, um uns dieser *Blackbox* zu nähern? Es sind aber nicht nur solche, eher grundlagenorientierte Fragen, die uns in der Zukunft beschäftigen werden, sondern auch solche, die mögliche rechtliche und tierethische Konsequenzen in den Blick nehmen oder nach einer übergeordneten Konzeption von Tierschutz verlangen (vgl. die Beiträge von Ursula Wolf und Anne Peters). Demnach sollten tierschutzrelevante Überlegungen für alle Tiergruppen, die in Menschenhand leben, gleichermaßen gelten. Denn ob ein Tier ein Haus- oder ein Nutztier ist, sollte nicht ausschlaggebend dafür sein, wie es von uns behandelt wird.

Direkt im ersten Paragrafen unseres Tierschutzgesetzes steht geschrieben, dass wir Menschen Verantwortung für das Tier haben und sein Wohlbefinden schützen müssen. Weiterhin heißt es: «Niemand darf einem Tier ohne vernünftigen Grund Schmerzen, Leiden oder Schäden zufügen.» Damit sind vor allem all jene Tiere gemeint, die als empfindungsfähig eingestuft werden. Nur, welche Tiere sind das genau? Reicht es nach wie vor, nur Wirbeltiere und einige ausgewählte Kopffüßer und Zehnfußkrebse einzuschließen? Es zeigt sich immer mehr, dass es nicht ausreichend ist, nur negative emotionale Zustände zu vermeiden. Es liegt in der Verantwortung des Menschen, auch positive emotionale Zustände sicherzustellen. Doch wie kann es uns gelingen, positive emotionale Zustände als notwendiges Kriterium für ausgezeichnetes Wohlergehen zu implementieren? Dass eine solche Diskussion den Puls der Zeit trifft, zeigen aktuelle Entwicklungen in Großbritannien. Dort wird seit Mai 2021 gesetzlich anerkannt, dass Wirbeltiere Emotionen haben. Ziel dieser Regelung ist es, Tierwohlstandards zu erhöhen und Verstöße gegen das Tierschutzrecht rigoroser ahnden zu können.

Ähnlich aktuell und spannend sind Fragen nach einheitlichen Tierschutzkonzeptionen. Können wir es zum Beispiel rechtfertigen, ein landwirtschaftlich genutztes Schwein anders zu behandeln als ein *Minipig* zu Hause oder ein Versuchsschwein im Labor? Was ein Schwein braucht, um sich «gut zu fühlen», lässt sich ja eindeutig biologisch begründen und sollte damit völlig unabhängig von dem jeweiligen Nutzungsbereich sein. Frei nach dem Motto «Do worry, don't be happy» müssen wir uns als Gesellschaft mit diesen wichtigen Fragen und Problemen auseinandersetzen.

Empfohlene Literatur:

Fox, E., Rainy Brain, Sunny Brain: The New Science of Optimism and Pessimism. Arrow Books, London, 2013.

Mendl, M., Burman, O. H. P., Paul, E. S. (2010): An integrative and functional framework for the study of animal emotion and mood. *Proceedings of the Royal Society B: Biological Sciences B* 277, 2895–2904.

Panksepp, J. (2005): Affective consciousness: Core emotional feelings in animals and humans. *Consciousness and Cognition* 14, 30–80.

Paul, E. S., Sher, S., Tamietto, M., Winkielman, P., Mendl, M. T. (2020): Towards a comparative science of emotion: Affect and consciousness in humans and animals. *Neuroscience & Biobehavioral Reviews* 108, 749–770.

Richter, S. H., Sachser, N., Kaiser, S., Emotionen (Kapitel 11). In: Johann S. Ach, Dagmar Borchers (Hg.): Handbuch Tierethik, J. B. Metzler Verlag GmbH, Stuttgart, 2018, 64–69.

ACHIM GRUBER

DAS UNTERSCHÄTZTE LEID

Über die schlimmen Folgen unserer blinden Haustierliebe

Wir lieben unsere Haustiere – und das immer mehr. Während Hunde die längste Zeit ihrer über zwanzigtausendjährigen Domestikation für uns arbeiten mussten, werden sie heute zunehmend zum Sozialpartner und Familienmitglied. Als der alternde Friedrich der Große Tisch und Bett mit seinen Windspielen Biche und Alcmène teilte und ihre Gegenwart der anderer Menschen vorzog, galt er als schräger Ausnahmecharakter. Heute ist so etwas völlig normal. In einer immer stärker vereinzelnden und vereinsamenden Gesellschaft füllen besonders Hunde nicht nur die freie Zeit, sondern ersetzen immer öfter fehlende menschliche Nähe im persönlichen Umfeld. Im Corona-Lockdown hat sich dieser Trend weiter verstärkt. Ihre Vermenschlichung verstehen viele als Win-win-Situation für beide, Mensch und Tier, denn auch der Vierbeiner kann auf dem Weg von der Hundehütte über Tisch und Sofa ins Bett des Hauses nur profitieren.

Ist das wirklich so? Die Gefahren auf diesem Weg für beide werden tatsächlich weit unterschätzt.

Wirklich Win-win?

Als Tierpathologe blicke ich regelmäßig wie durch ein Kaleidoskop mitten hinein in die Entwicklungen der menschlichen Gesellschaft, wenn ich am Obduktionstisch den vielen Leiden und den Todesursachen auf die Spur komme, die aus entgleister Tierliebe resultieren. Zumeist sind die – ehemaligen – Tierbesitzer dann völlig überrascht von den ursächlichen Zusammenhängen. Pathologie ist aber die Wissenschaft für die Lebenden. Wir wollen, dass sich Schicksale nicht wiederholen. Dafür ermitteln wir am Einzeltier, forschen in größeren Zusammenhängen und klären auf.

Dabei steht jedoch nicht allein das Tier im Fokus unserer Arbeit, denn Gefahren drohen auch für das andere Ende der Leine. Mit zunehmender Menschwerdung verlieren Haustiere in den Augen vieler Besitzer ihre natürliche Schmutzigkeit, ihre Keime und Infektionserreger. Hygiene wird zum Fremdwort. Unser Heim ist schließlich sauber. Alte und neue Killerkeime werden dabei vielfach unterschätzt. Die Corona-Pandemie hat auch dieses Problem erheblich verschärft. Im dreckigen Haustiergeschäft mit der Lockdown-Einsamkeit wurden wahrscheinlich mehrere Hunderttausend Hunde und Katzen aus mediterranen und osteuropäischen Ländern importiert und mit ihnen viele neue Krankheitserreger. Nicht wenige davon können auch für uns selbst gefährlich werden. Um nur einige zu nennen: Herzwürmer, Augenwürmer, Hautwürmer, Zungenwürmer, Leishmanien und, ja, auch mal die Tollwut werden wie in trojanischen Pferden ins Land, in unsere Kinderzimmer und in unsere Betten geholt. Nicht nur die Käufer der Tiere wissen zunächst nichts davon, auch viele Tiermediziner kennen die neuen Erreger noch nicht oder denken nicht daran. Dabei geschieht alles in eigentlich guter Absicht für beide, Mensch und Tier.

Die gute Absicht zeigt sich neben extravaganten Körbchen, edlen Leinen und einfallsreichem Spielzeug auch in einer modernen Tiermedizin, die sich der Menschenmedizin immer weiter annähert. Prothesen für kaputte Hüften, künstliche Augenlinsen bei grauem Altersstar sowie Bestrahlung und diverse Chemotherapien bei Krebs zählen heute zum guten vierbeinigen Standard. Wo früher die Euthanasiespritze aufgezogen wurde, um Leiden zu beenden, wird heute die Geldbörse weit geöffnet, um das neue Familienmitglied am tiermedizinischen Fortschritt teilhaben zu lassen. Hier ist das *Win* wahrscheinlich auf der Seite von Hund und Katze, und auch wir fühlen uns gut dabei.

Die Übertragung unserer eigenen Lebenswelten auf unsere Lieblinge, die anstelle «Bello» und «Mitzi» heute Menschennamen tragen, hat jedoch auch andere Gesichter. Mit großer Sorge ist etwa der Trend zu beobachten, dass Hunde und Katzen als Fleischfresser und Raubtiere zunehmend vegetarisch oder sogar vegan ernährt werden, weil Frauchen oder Herrchen tierische Produkte von ihrem eigenen Teller verbannen. Diese können oft den Gedanken nicht ertragen, dass Tiere andere Tiere essen und dies unter demselben Dach mit ihnen, geschweige denn am selben Tisch oder im selben Bett. «Oskar» und «Emma» besitzen aber ein völlig anderes Verdauungssystem als Alles- oder Pflanzenfresser. Dass sie dadurch nicht nur ihrer Fleischfressernatur beraubt werden, sondern echter Mangelernährung mit Gefahren für Gesundheit oder Leben ausgesetzt werden können, wird nicht nur unterschätzt, sondern oft völlig ausgeblendet. Psychologen nennen das das «Pippi-Langstrumpf-Syndrom»: Wir machen uns die Welt, wie sie uns gefällt.

Zuchtexzesse mit Nebenwirkungen

Viel verbreiteter noch und mit weitaus atemberaubenderen Konsequenzen ist das Pippi-Langstrumpf-Syndrom in der Zucht von Hunden und Katzen anzutreffen. Wir haben besonders unserem besten Freund, dem Hund, wie keiner anderen Tierart eine erstaunliche Vielfalt angezüchtet, die weltweit aktuell 368 Rassen umfasst, mit steigender Tendenz. Derart extreme Unterschiede etwa zwischen Größen, anatomischen Extravaganzen, Fellvarianten und Charakteren sind bei keiner anderen Art in der gesamten Natur zu finden. Hinzu kommt ein in den letzten Jahren nahezu explodierender Markt von sogenannten Designerhunden. Dabei sollen Wunscheigenschaften durch gezielte Verpaarung von zwei verschiedenen, aber reinrassigen Eltern kombiniert und weiter perfektioniert werden. Aus Malteser mal Yorkshire Terrier wird ein Morkie, aus Schnauzer mal Pudel ein Schnoodle und Französische Bulldogge mal Mops ergibt einen Frops. Rechnerisch und sprachlich ergeben sich unvorstellbar viele Möglichkeiten. Von *dem* «besten Freund» kann schon lange nicht mehr die Rede sein. Vielmehr haben wir uns eine regenbogenbunte Hundewelt an besten Freunden gestaltet, mit der wir ein erstaunlich weites Spektrum unserer eigenen Bedürfnisse befriedigen können. Die Zuchten von Katzen und anderen Heimtieren bis hin zu Reptilien liegen aufgrund ihrer deutlich kürzeren Domestikationshistorien in dieser Hinsicht weit zurück, sind jedoch prinzipiell auf ähnlichem Weg. Rassevielfalt wird als besonderer, eigenständiger Wert geschätzt. Dabei ist der Preis, den die Tiere in Form der inflationär zunehmenden Defekte, Krankheitsneigungen, Sinnesstörungen und Leiden infolge der exzessiven und skrupellosen Verfolgung ungesunder Zuchtziele zahlen müssen, noch viel zu wenig in der gesellschaftlichen Wahrnehmung angekommen.

Die kritischen Dimensionen der krank machenden Zuchtziele haben sich in den letzten Jahrzehnten immer klarer herauskristallisiert. Manche Rassen werden immer größer oder schwerer gezüchtet, oder beides. In der Folge gibt es kaum noch eine große Hunderasse, die nicht mit kaputten Hüften (Hüftgelenksdysplasie), Ellbogengelenken (Ellbogendysplasie) oder anderen orthopädischen Schäden belastet ist. Daraus resultieren oft lebenslang schmerzhafte, oft kaum oder nur mit viel Aufwand und hohen Kosten (Operationen) therapierbare Gelenkentzündungen. Das Einsetzen künstlicher Hüften zählt heute bei nicht wenigen Tierchirurgen zur Fließbandarbeit. Jede Seite, rechts und links, kann die Besitzer jeweils ein Vielfaches des Kaufpreises ihres Hundes kosten.

Zucht auf Größe oder gar Riesenwuchs geht für viele Rassen auch mit einem erhöhten Risiko für Knochenkrebs einher, der oft mit Lungenmetastasen in einem viel zu frühen Tod endet. Besonders klein gezüchtete Rassen wie etwa Zwergpudel, Chihuahua, Pekingese und Papillon dagegen erleiden sehr viel häufiger Kniescheibenverlagerungen oder bestimmte Stoffwechselstörungen, die ebenso tödlich enden können. Extrem kurznasige (sog. brachyzephale) Rassen wie Mops, Französische und Englische Bulldogge müssen in direkter Folge ihrer durch Züchtung extrem deformierten Nasen, Rachen und Kehlköpfe starke Einschränkungen ihrer Atmungsfähigkeit erdulden. Diese können neben lästigem Röcheln und Schlafstörungen (für Hund und Mensch!) besonders bei körperlicher Belastung oder an heißen Tagen zum Tod durch Ersticken oder Überhitzung führen. Die völlig unnatürlich missgestalteten Kopfformen resultieren darüber hinaus in häufigen Verletzungen der Augen oder deren vollständigem Ausfallen sowie in Entzündungen der übermäßig gefalteten Kopfhaut oder der deformierten Gebisse. Selbst Kurzbeinigkeit (sog. Chondrodystrophie) hat ihren Preis: Die sympathischen und charaktervollen Dackel erbringen für ihre lustigen Stummelbeine das Opfer, dass etwa jeder vierte von ihnen einen schmerzhaften Bandscheibenvorfall erleidet, wovon wieder etwa jeder vierte wegen nichttherapierbarer Querschnittlähmung, oft in Kombination mit Inkontinenz, eingeschläfert werden muss. Diese landläufig als Dackellähme bekannte Sorge teilen auch andere kurzbeinig gezüchtete Rassen wie Basset, Beagle und Jack Russell Terrier. Auf dem Weg zur Perfektion der Rassevielfalt aus Sicht des menschlichen Betrachters wurden die einzelnen defektbehafteten Zuchtideale in zahlreichen Rassen auch kombiniert. So leidet die sowohl kurznasig als auch kurzbeinig gezüchtete Französische Bulldogge in direkter Folge ihrer Wunschmerkmale häufig an Atemproblemen und an Bandscheibenvorfällen zugleich. Wir nennen das dann additive Zuchtpathologien, wohinter sich für die betroffenen Tiere die Aufsummierung von Leid und Schmerzen verbirgt.

Ein weiteres Spannungsfeld hat sich zwischen Schönheit und davon untrennbarem Leid durch populäre Fellfarben und -zeichnungen entwickelt. Da viele der beliebten aufhellenden oder scheckigen Farbvarianten auf Defekten von Genen beruhen, die auch für Sinnesleistungen oder Schutzmechanismen der Haut wichtig sind, können Taubheit oder Hautentzündungen die Folge von besonderer Ästhetik im Betrachterauge sein. Auch hier haben wir der Natur ordentlich ins Handwerk gepfuscht. Etwa zehn bis zwanzig Prozent der Dalmatiner sind taub, weil ihre Züchter und Käufer immer noch an leidbringenden, offiziellen Rassestandards festhalten. Ihr Taubheitsrisiko wird verdreifacht, wenn diese Schönheiten auch noch die beliebten blauen Augen besitzen. Ganz ähnlich sind zwischen etwa sechzig und achtzig Prozent der weißen, blauäugigen Katzen taub, weil ihren Züchtern und Käufern ihre Anmut wichtiger ist als ihre Lebensqualität.

Zu höchst unerwünschtem Haarausfall, Hautentzündungen und weiteren Problemen können viele der in den letzten Jahren besonders populär gewordenen Aufhellungsvarianten der natürlichen, dunkleren Fellfarben führen. Bei Dobermann, Labrador, Französischer Bulldogge und vielen anderen Rassen werden diese je nach Grundfarbe als *silver, grey, blue, lilac, charcoal* oder *champagner* bezeichnet. Viele Käufer dieser Hunde ziehen diese Aufhellungsformen der Normalfärbung inzwischen vor, ohne sich vielleicht beim Erwerb darüber im Klaren zu sein, welche lästigen Folgen später auftreten können, wenn die Tiere bereits einen Namen haben, in die Familie aufgenommen sind und der Bund fürs Leben geschlossen ist. Wie bei der menschlichen Partnerwahl ist Schönheit eben noch lange nicht alles. Und wer ahnungs- und verantwortungslos nur noch auf das Äußere schaut, der kauft sich eine blauäugige, gescheckte oder silberfarbene, zu kaputten Hüften und Bandscheibenvorfällen neigende, schweratmige Französische Bulldogge, die öfter als andere Rassen auch noch zu Allergien tendiert.

Aus der Perspektive der Pathologie ist ein Teil der Tierzucht das Spielen mit von uns Menschen als hübsch oder extravagant empfundenen Missbildungen infolge spontaner Gendefekte. Das über Jahrzehnte bei bestimmten Züchtern und Rasseliebhabern unzweifelhaft stark ausgeprägte Pippi-Langstrumpf-Syndrom bezahlen ihre wehrlosen Opfer mit oft lebenslangem Leidensweg und verfrühtem Tod. Dabei wurden die vielfach unterschätzten Nebenwirkungen von extremer Rassevielfalt erst möglich durch scheuklappenhafte Realitätsverweigerung sowie Erkenntnis- und Beratungsresistenz bei den Verantwortungsträgern, also durch die Kernelemente des Pippi-Langstrumpf-Syndroms.

Endstation Inzucht

Neben dem anhaltenden Trend zu ungesunden Wunschmerkmalen führt eine zweite Todsünde zunehmend in den Zuchtabgrund. Das Erzeugen von Nachkommen zwischen nahen Verwandten ist in den meisten menschlichen Kulturkreisen unerwünscht bis gesetzlich verboten, da Inzucht – wie seit Hunderten von Jahren bekannt – die Verbreitung von Erbkrankheiten begünstigt. Wer kennt sie nicht, die abschreckenden Beispiele von blaublütigen Adelsgeschlechtern des Mittelalters, die überwiegend zum Zweck des Machterhalts Verwandtenehen eingingen und deshalb nach mehreren Generationen degenerierten, an lebensbedrohlichen Krankheiten litten und schließlich ausstarben. Was wir aus Sorge um unsere Enkel und Urenkel für uns selbst aus gutem Grund ablehnen, praktizieren wir jedoch systematisch, mit voller Absicht und ähnlichen Konsequenzen an unseren Haustieren.

Als Folge beobachten wir seit Jahrzehnten bei zahlreichen Hunderassen Häufungen etwa von Epilepsien, anderen Nervenleiden, bestimmten Tumorerkrankungen oder Allergien der Haut oder des Verdauungstraktes. Teils sind ganze Rassen betroffen, deren Zuchtgeschichte auf nur wenige Individuen zurückgeht. In anderen Fällen finden sich die Defekte nur in bestimmten Abstammungslinien innerhalb einer Rasse, die etwa auf der massenhaften Vermehrung einzelner Ausstellungs-Champions beruhen. Man spricht dann von einem genetischen Flaschenhals als Ursache eines stark eingeengten Genpools bei den teils sehr zahlreichen Nachkommen einzelner Vorfahren. Die moderne «assistierte Reproduktion», einschließlich globaler Verschickung und künstlicher Besamung unnatürlich vieler Hündinnen mit stark verdünntem Siegersperma kann die enorme Verbreitung von Gendefekten fördern, die oft beim blaublütigen Rassechampion-Vererber selbst noch nicht erkannt wurden. Infolge von Inzucht innerhalb der nächsten Generationen können sich auf diese Weise oft völlig neue Krankheitsbilder häufen und verbreiten.

Doch wie kommt es erst zu den Gendefekten? Für ihre Entstehung mit teils neuartigen Leidensbildern bei den betroffenen Individuen ist entscheidend, dass in jeder nächsten Generation eine Handvoll neuer Genvarianten spontan auftritt, die bei den Eltern noch nicht vorkamen. Das ist ganz natürlich, denn die Evolution spielt quasi mit den Genen und bringt ständig neue Lebensformen hervor, die möglicherweise besser an Herausforderungen der Umwelt angepasst sind als ihre Eltern. Der Großteil dieser Variationen hat jedoch nachteilige bis tödliche Effekte und wird in der Natur durch Selektion eliminiert, quasi als Opfer einer effektiven Evolution. In der Tierzucht jedoch, in der allzu oft nach Äußerlichkeiten und ohne Rücksicht auf Gesundheit ausgewählt wird, können sich neue Defekte leicht einschleichen und durch genetische Flaschenhälse und übermäßige Inzucht weit verbreiten. Unsere tradierten Zuchtpraktiken kollidieren brutal mit den evolutionären Prinzipien der Gesunderhaltung, also der Natur.

Erst der wissenschaftliche Fortschritt in der Tiergenetik der letzten Jahre ermöglicht es heute, derartige Effekte mit überschaubarem Aufwand aufzuklären, das Risikogen zu identifizieren und einen Gentest zu entwickeln, der die Betroffenheit jedes einzelnen Tieres prüfen kann. Doch obwohl viele Zusammenhänge wissenschaftlich längst erforscht sind, werden sie in der Zuchtpraxis oft völlig unterschätzt oder verdrängt.

Bei Rassehunden kennen wir heute weit über vierhundert solcher ganz oder teilweise genetisch bedingter Leiden. Zweiundsiebzig Prozent davon betreffen einer britischen Studie aus 2015 zufolge die zwanzig beliebtesten Rassen. Die Liste wird vom Deutschen Schäferhund mit siebenundsiebzig Erbschäden angeführt, dicht gefolgt von Boxer, Golden Retriever und weiteren Lieblingsrassen. Popularität und hohe Nachfrage resultieren leider oft in Massenproduktion und weiterer Inzucht sowie Vernachlässigung der Gesunderhaltung, sodass jede Rasseempfehlung gerade dieser Rasse schaden kann. Zu den neueren, mahnenden Beispielen zählt auch der Miniatur-Bullterrier, der als etwas kleinere Variante des Standard-Bullterriers bei sonst ähnlichen Merkmalen offiziell nicht zu den Kampfhunden zählt. Daher unterliegt er nicht den für seinen großen Bruder geltenden, unangenehmen Restriktionen und wurde seit Einführung der vielen Kampfhundebeschränkungen innerhalb weniger Jahre extrem populär. Das Schicksal nahm seinen Lauf, und die ehemals ohnehin durch einen engen genetischen Flaschenhals ingezüchtete Miniaturrasse wurde aus vergleichsweise wenigen Individuen stark vermehrt. In der Folge sind heute nach einer aktuellen wissenschaftlichen Studie wahrscheinlich mehr als die Hälfte aller «Mini-Bullis» Träger eines Risikogens für eine besondere Form der Kehlkopflähmung. Reinerbig Betroffene können – zumeist erst mehrere Monate nach ihrem Kauf – schwere bis lebensbedrohende Atemstörungen entwickeln, trotz der beachtlich voluminösen Nase dieser Rasse. Tierchirurgen bieten aufwendige und kostspielige Korrekturoperationen an, jedoch kann nicht allen Hunden dauerhaft geholfen werden, und das Leid für Tier und Mensch ist groß. Ein neuer Gentest erlaubt die Auswahl nichtbetroffener Individuen für die weitere Zucht. Die mit dem Test verfügbaren Möglichkeiten der Bereinigung dieser Rasse werden jedoch schnell überschätzt, da mehrere weitere, rassebezogene Gendefekte bekannt sind und die Zahl der gengesunden Kandidaten dadurch weiter schrumpft. Ähnlich wie bei Mini-Bullterriern wird es auch bei vielen anderen, rassereinen Blaublütern zunehmend schwierig, zwei gengesunde Zuchtpartner zu finden. Wenn wir nicht bald und konsequent die heutigen Zuchtpraktiken und Verherrlichungen von Rassereinheit korrigieren, ist längerfristig das Aussterben einzelner, defektbehafteter Linien oder ganzer Rassen vorprogrammiert. Auf dem Weg dahin werden wir jedoch noch viel menschengemachtes Tierleid erleben.

Rassen neu denken

Die in der gesamten Tierwelt sonst unerreichte Rassevielfalt bei Hunden stellt einen besonderen Wert für uns Menschen dar, da sich damit ein extrem weites Spektrum unserer Bedürfnisse an «beste Freunde» erfüllen lassen. Mit der Rassevielfalt kam jedoch auch die genetisch bedingte Krankheitsvielfalt. Ein Kernproblem scheint die weitverbreitete Unkenntnis und teils auch eine Verherrlichung des Begriffes «Rasse» zu sein. Alle Tierrassen sind rein menschengemacht. In der Natur gibt es keine Rassen. Für uns selbst, *Homo sapiens*, wurde der Rassebegriff mit der Jenaer Erklärung von 2019 höchst wissenschaftlich aus der Welt geschafft. Ihr zufolge war die Benennung von Menschenrassen allein das Ergebnis von Rassismus, nicht dessen Voraussetzung, und diente primär der Ausbeutung und psychosozialen Abgrenzung. Diese Feststellung der Universität Jena dementiert die Theorie des als «deutscher Darwin» bezeichneten Ernst Haeckel, der in Jena lehrte und mit der von ihm begründeten Menschenrassenlehre wichtiger Wegbereiter war für die Eugenik und «Rassenhygiene» des späteren Nationalsozialismus. Gewisse Parallelen zur Schaffung, Optimierung und Verherrlichung von Rassen bei Tieren sind hier äußerst interessant.

Alle Tierrassen wurden allein von Menschen durch die Verfolgung bestimmter Wunschmerkmale und enger Zuchtgrenzen willkürlich kreiert, geformt und perfektioniert. Die Exzesse genau dieser zwei Prinzipien, menschengemachte Leitbilder und das strikte Vermeiden von Vermischungen mit rassefremdem Erbgut stellen sich heute als die beiden Hauptursachen für die vielen leidvollen Defektzuchten in der Haustierwelt heraus. Die unüberschaubar zahlreichen, weiter oben nur ansatzweise beschriebenen Krankheitsneigungen sind damit direkte Nebenwirkungen einer vordergründig prachtvollen Rassevielfalt, die erst durch übertriebene und krankmachende Zuchtziele sowie ahnungs- oder gewissenlose Inzuchtpraktiken erreicht werden konnte. Dabei widersprechen ungesunde Auswahlkriterien und eine starre, genetische Verarmung durch strikte Verpaarungsverbote für rassefremde Individuen grundsätzlich den Prinzipien der natürlichen Evolution. Hier entscheiden die bestmögliche Fitness und Anpassung an die Umwelt über Auslese in Form von Überleben und Fortpflanzungserfolg. Besonders eine möglichst breite, offene genetische Durchmischung mit daraus resultierender Vielfalt und erweiterten Möglichkeiten dynamischer Anpassungen trägt maßgeblich dazu bei, das Aussterben nachhaltig zu verhindern. Wir Menschen überschätzten auch hier lange Zeit unsere Fähigkeiten, verbessernd in die Natur eingreifen zu können. Nun, da wir diese Zusammenhänge erkannt haben, tragen wir als die Schöpfer von Tierrassen auch die Verantwortung für deren zeitnahe und konsequente Korrekturen.

Ist das alles neu?

Die wissenschaftlichen Erkenntnisse und Appelle aus der Tierärzteschaft gegen falsche Zuchtziele und systematisches Krankzüchten sind alles andere als neu. Bereits 1967 mahnte die Welt-Kleintiermedizin-Gesellschaft auf dem globalen Tierärztekongress in Paris, dass Rassestandards keine Anforderungen und Empfehlungen enthalten sollten, die die Gesundheit oder Funktion von Körperfunktionen beeinträchtigen können. Genau das jedoch wird bis heute in manchen offiziellen Rassestandards systematisch vorgegeben. Diese lesen sich für die Tierärzteschaft in Teilen immer noch wie schriftliche Verordnungen von Neigungen zu Defekten, Leid und Schmerzen. Wird bei jahrzehntelanger Zuchtpraxis durch Gewöhnung dort zu Toleranz, wo man auch von stillem Skandal sprechen könnte?

Bereits in seinen wissenschaftlichen Untersuchungen aus den 1970ern wies der Hannoversche Tiergenetikprofessor Wilhelm Wegner darauf hin, dass der Merle-Faktor bei Hunden verschiedene Anomalien der Sinnesorgane verursachen kann, einschließlich Taubheit, Augenmissbildungen und einer erheblichen Einschränkung der Schwimmfähigkeit. Folgerichtig wurde im Qualzuchtgutachten der Bundesregierung von 1999 explizit empfohlen, auf eine Zucht mit diesem Gendefekt generell zu verzichten. Dennoch erfreut sich dieser zu einer – im Auge des Betrachters – wunderhübschen, scheckenhaften Fellaufhellung mit teils hellblauen Augen führende Gendefekt heute wie nie zuvor großer Beliebtheit. Er wurde gerade in den letzten Jahren in viele Hunderassen eingezüchtet (sogenannte Tigerschecken) und dabei vielfach kombiniert mit anderen Zuchtpathologien. Trotz zahlreicher, jahrzehntealter Warnungen zeigen die aktuellen Trends also weiter in die falsche Richtung, weil nicht wenigen Hunde-«liebhabern» das Ausleben ihres eigenen Lifestyles wichtiger ist als die Gesundheit und das Wohlergehen ihrer Tiere.

Zweifelhafte Motive und der vernünftige Grund

Neben den üblichen Motiven für die Zucht und Haltung von Hunden, etwa Freizeitgestaltung, Sammelleidenschaft oder Hilfe bei der Jagd, kommt ihnen in einer mehr und mehr vereinzelnden und vereinsamenden Gesellschaft eine immer stärkere Funktion als Sozialpartnerersatz zu. Wenn früher das Frauchen eines Kindersatzhundes mitleidvoll belächelt wurde, ist heute die Rolle des Tiers als viel weitreichenderer Menschenersatz und gleichwertiges Familienmitglied völlig akzeptiert. Auf dem Weg seiner Menschwerdung jedoch instrumentalisieren wir den Hund in mehrfacher Hinsicht zu seinem eignen Nachteil. Die Zucht auf menschenähnliche Anatomien, etwa babyhafte Größe, runde Köpfe, flache, hohe Stirn mit großen, nach vorn gerichteten Augen sowie kurzen Haaren und Schwänzen beraubt die Tiere ihrer eigenen Natur, Gesundheit und Verhaltensmöglichkeiten. Dabei bemerken wir ihr Leid oft nicht einmal.

Fachwissenschaftler bezweifeln, dass wir überhaupt zu einer realistischen, emotionalen Perspektivenübernahme gegenüber Tieren fähig sind, also zu echter Empathie. Wenn manche Hundebesitzer glauben, ihre Hunde besser zu verstehen als die Menschen in ihrem Umfeld, ist das wohl Illusion und eigenes Wunschdenken infolge perspektivischer Verzerrung. Eine Befragung von 2168 Besitzern von kurznasigen Möpsen, Französischen und Englischen Bulldoggen ergab, dass diese den Gesundheitszustand ihrer eigenen degenerierten Hunde stark überschätzten, während sie den Rest der jeweiligen Rasse für deutlich kränker hielten. Derartige kognitive Dissonanzen, also verzerrte Wahrnehmungen der Realität, sind auch von engen Bindungen zwischen Menschen bekannt. Liebe macht bekanntlich blind. Eine andere Befragung von 3000 Besitzern verschiedener Hunderassen fand heraus, dass gerade die Besitzer von krank gezüchteten Rassehunden eine engere persönliche Bindung zu diesen aufbauten. Ein erheblicher Teil von ihnen tendierte häufiger dazu, genau diese Rasse wieder zu kaufen als Besitzer von gesünderen Hunden – trotz einer um vier Jahre reduzierten Lebenserwartung und trotz deutlich höherer Tierarztkosten. Dieses scheinbare Paradox wird aufgelöst, wenn das Leid der Tiere die spezifischen Bedürfnisse ihrer Besitzer erfüllt und so deren Bindung fördert. Hundeleid, ihre Abhängigkeit und Pflegebedürftigkeit können den menschlichen Pflegetrieb in nahezu perfekter Weise befriedigen und werden so womöglich zu einem wahrscheinlich noch unbewussten Kauf- und damit Zuchtziel.

Nach unserer ethischen Bewertung eines jeden Umgangs mit uns anvertrauten Tieren müssen die Opfer, die wir ihnen abverlangen, durch einen vernünftigen Grund aufgewogen werden (vgl. den Beitrag von Ursula Wolf). So ist es im Tierschutzgesetz verankert und wird, zum Beispiel im Umgang mit Versuchstieren, seit Jahrzehnten immer enger geregelt und kontrolliert. Auch sind wir bei lebensmittelliefernden Nutztieren auf dem Weg, das Verhältnis zwischen ihrem Leiden und unserem Vorteil zu korrigieren.

Aber welchen vernünftigen Grund können wir anführen, wenn wir unsere vierbeinigen Familienmitglieder systematisch krank züchten und ihr Leiden aus Eigeninteresse ausblenden? Die zwei Nutzungsarten eines Dackels bieten sich für diese Betrachtung an: Weiter oben habe ich geschildert, welches Leid Bandscheibenvorfälle und Querschnittlähmungen bei diesen lustig wirkenden Kurzbeinern anrichten. Bei einem ursprünglichen Jagdhund, der mit kurzen Beinchen besser in Fuchs- und Dachsbauten kriechen konnte, hielt man diesen Preis wohl für angemessen. Die meisten Dackel werden jedoch heute nicht mehr zu Jagdzwecken, sondern wahrscheinlich für ihren Charakter, ihr besonderes Aussehen und praktische Transportierbarkeit gehalten. Sind das noch vernünftige Gründe, um seine Leiden zu rechtfertigen, welche durch eine Abkehr von den kurzen Beinchen schnell zu beheben wären? Analog könnte man in Bezug auf die in unseren Augen empfundene Schönheit, Extravaganz oder menschenähnliche Anatomie vieler anderer Rassen argumentieren: Sind dies vernünftige Gründe, um ihre rassen- und merkmalsspezifischen Krankheitsneigungen und Leiden aufzuwiegen? Als Tierpathologe schäme ich mich manchmal dafür, ein Mensch zu sein.

Tierschutzrecht im Dornröschenschlaf

Der Tierschutz ist seit 2002 als Staatsziel in unserer Verfassung verankert (vgl. den Beitrag von Anne Peters). Ähnlich wie beim Großteil der landwirtschaftlichen Nutztiere sind wir jedoch auch bei Haustieren weit davon entfernt, dieses Staatsziel und die von vielen Beteiligten immer wieder emotional geäußerten Absichtserklärungen auch nur annähernd konsequent umzusetzen. Das tatsächlich gelebte Maß an Tierschutz wird bei Nutztieren, wie selbst vom zuständigen Landwirtschaftsministerium geäußert, durch die Interessen der Land- und Fleischwirtschaft sowie vermeintliches Konsumenteninteresse in engen Schranken gehalten (vgl. den Beitrag von Jörg Luy). Warum aber schauen wir seit Jahrzehnten weitgehend tatenlos zu, wie unsere besten Freunde in den eigenen vier Wänden immer kränker gezüchtet werden?

Unser Tierschutzgesetz, hier der sogenannte Qualzuchtparagraf 11b, ist genügend scharf formuliert und erlaubt, ja fordert ein konsequentes amtliches Eingreifen. Die für behördliche Zuchtbeschränkungen und Anordnungen von Zwangskastrationen nötigen verfahrensrechtlichen Schritte sind jedoch komplex und aufwendig. Bei kompetenter Umsetzung können sie aber zu dem gewünschten Erfolg führen, wie erste leuchtturmhafte Beispiele zeigen. Erste amtliche Anordnungen von Zuchtausschlüssen etwa durch Unfruchtbarmachung wurden seit 2014 für Nacktkatzen ohne jegliche Tasthaare und für atemlose Französische und Englische Bulldoggen ausgesprochen. Die Zahl der bislang von Veterinärämtern eingeforderten und gerichtlich bestätigten Eingriffe in die züchterische Freiheit der sogenannten Rasseliebhaber ist jedoch noch verschwindend gering. Warum ist das so? Aufklärung, Sensibilität und Verantwortungsbewusstsein scheinen nicht nur bei vielen Hundezüchtern und -käufern zu fehlen, sondern auch bei dafür spezifisch geschulten und verantwortlichen Staatsorganen. Gleichzeitig sind Nachbarländer wie die Niederlande und Österreich in der Bekämpfung von züchterischem Hunde- und Katzenleid deutlich weiter als wir. Für einen Tierpathologen sind die Gründe nicht leicht erkennbar.

Aufbruch

Welche Auswege können wir gemeinsam einschlagen, um das bei uns noch weitgehend unterschätzte und vernachlässigte Tierleid infolge blinder und entgleister Tierliebe nachhaltig zu korrigieren? Immerhin mangelt es uns schon länger nicht mehr an grundlegenden wissenschaftlichen Erkenntnissen über Mechanismen und Hintergründe. Vielmehr haben wir massive Informations- und Umsetzungsdefizite. Die Zahlen verantwortungsvoller Züchter, aufgeklärter Hundekäufer und konsequenter Veterinärbehörden sind noch viel zu gering. Dagegen strahlen beispielhafte Vorzeigeinitiativen wie die der Berliner Tierärztekammer, die Linienbusse mit abschreckenden Tierbildern von Zuchtleid und prägnanten Warnhinweisen plakatiert wie Zigarettenschachteln an der Supermarktkasse. Mit ihrer Kaufentscheidung haben Hundekäufer sicher die stärkste Macht der Einflussnahme, denn es wird nur gezüchtet und produziert, wonach der Markt verlangt. Unsere besten Freunde sollten es uns doch wert sein. Gehen Sie mit!

Empfohlene Literatur:

Gruber, A., Das Kuscheltierdrama: Ein Tierpathologe über das stille Leiden der Haustiere. Droemer-Verlag, 2021.

Gough, A., Alison, T., O'Neill, D., Breed Predispositions to Disease in Dogs and Cats. 3. Ausgabe, John Wiley & Sons Ltd, 2018.

Farrell, L. L., Schoenebeck, J. J., Wiener, P., Clements, D. N., Summers, K. M. (2015): The challenges of pedigree dog health: Approaches to combating inherited disease. *Canine Genetics and Epidemiology*. 2(3), 1-14.

Packer, R. M. A., O'Neill, D. G., Fletcher, F., Farnworth, M. J. (2019): Great expectations, inconvenient truths, and the paradoxes of the dog-owner relationship for owners of brachycephalic dogs. *PLOS ONE* 14(7), S. e0219918.

Gruber, A., One Health und das Mensch-Tier-Verhältnis: Macht der Mensch die Tiere krank? In: Philip van der Eijk, Detlev Ganten, Roman Marek (Hrsg.): Was ist Gesundheit? Interdisziplinäre Perspektiven aus Medizin, Geschichte und Kultur. De Gruyter, 2021. Seiten 291-311.

URSULA WOLF

TIERRECHTE UND MENSCHENPFLICHTEN

Das Tier in der menschlichen Moral

Einleitung

Die Verhaltensbiologie hat unser Wissen über Tiere grundlegend revolutioniert. Sie hat bahnbrechende Erkenntnisse über Tiere gewonnen, über ihre kognitiven, emotionalen und sozialen Fähigkeiten. Wie wir inzwischen verstehen, folgen die Verhaltensweisen von insbesondere Säugetieren in vieler Hinsicht dem gleichen Muster wie die menschlichen. Säugetiere und andere hoch entwickelte Tiere können in einem bestimmten Sinn denken, sie sind lernfähig, können Werkzeuge benutzen, einige sind sogar fähig zur Selbsterkenntnis. Sie erleben Gefühle wie Furcht und Frustration, sie können sich zweckfrei im Spiel beschäftigen, und soziale Beziehungen haben eine wichtige Rolle in ihrem Leben (vgl. die Beiträge von Norbert Sachser sowie von Sylvia Kaiser und Helene Richter).

Wenn sich dieses Wissen über die Tiere dank der eindringlichen Veröffentlichungen aus der Verhaltensbiologie nicht mehr übersehen lässt, welche Konsequenzen müssen wir daraus für den Umgang mit Tieren ziehen? Auf den ersten Blick scheint die Antwort auf der Hand zu liegen: Man muss dann auf sie als Wesen mit diesen Fähigkeiten und den daraus resultierenden Bedürfnissen Rücksicht nehmen.

Aber ganz so einfach ist die Antwort nicht. Was wir tun sollen oder müssen, ergibt sich nicht unmittelbar aus wissenschaftlichen Erkenntnissen (vgl. den Beitrag von Michael Quante), aus einem Sein folgt kein Sollen. Vielmehr handelt es sich hierbei um eine normative Frage, eine Frage der Moral. Die grundsätzliche Frage lautet, ob wir Tiere überhaupt in die Moral einbeziehen sollen. Und wenn ja, entstehen weitere Fragen. Insbesondere die Frage, in welchem Grad wir das tun sollen, ob also Tiere gleichviel zählen wie Menschen oder weniger. Und weiter die konkreten Fragen, welches die Hinsichten sind, in denen wir Tiere berücksichtigen müssen.

Was die Grundsatzfrage angeht, sind wir in der glücklichen Lage, dass es heute einen breiten gesellschaftlichen Konsens gibt, dass Tiere als *fühlende* Wesen moralisch zu berücksichtigen sind, dass sie *um ihrer selbst willen*, als Wesen mit einem subjektiven Wohl, zählen. Dieser Konsens ist auch rechtlich festgeschrieben, bei uns im deutschen *Tierschutzgesetz*, dessen Gewicht noch verstärkt wird durch die Aufnahme des Tierschutzes als Staatsziel ins *Grundgesetz* (vgl. den Beitrag von Anne Peters).

Doch wie kommt es dann, dass die auch rechtlich verankerte Überzeugung moralischer Pflichten gegen Tiere so wenig Auswirkungen in der Praxis hat (vgl. den Beitrag von Jörg Luy)? In der Massentierhaltung und in Experimenten werden Tiere ja nach wie vor in großem Umfang für menschliche Interessen genutzt, wobei nicht immer besondere Rücksicht auf ihr Wohl genommen wird. Dafür gibt es zwei Erklärungen. Die eine hängt mit der dritten der genannten Fragen zusammen. Die Verhaltensbiologie hat viel geleistet, um die Fähigkeiten der Tiere herauszustellen, aber offenbar ist es immer noch nicht allen Menschen bewusst, welche hoch entwickelten und differenzierten Aspekte das Wohl der Tiere hat. In diesem Punkt besteht Hoffnung, dass die neueren detailreichen, allgemeinverständlichen und unterhaltsam zu lesenden Darstellungen aus der Verhaltensbiologie mit der Zeit zu einer geschärften Wahrnehmung der Komplexität des Tierwohls durch die Öffentlichkeit führen. Doch das eigentliche Problem liegt in der zweiten Frage, mit der wir uns daher jetzt befassen müssen.

1. Der moralische Status der Tiere

Diejenigen, welche Tiere nutzen und dabei negative Erfahrungen aufseiten der Tiere zugunsten menschlichen Interessen in Kauf nehmen, berufen sich häufig darauf, dass Tiere zwar in der Moral zählen, aber einen schwächeren moralischen Status haben als Menschen. Der Begriff des moralischen Status ist allerdings unklar und strittig. Es scheint mir daher hilfreicher, zuerst zu fragen, was überhaupt Moral ist, worauf es gründet, dass ein Wesen moralisch zählt, und ob in unserer Moralkonzeption grundsätzliche Unterschiede des Zählens angelegt sind.

Wenn unser moralischer Standpunkt und unsere Gesetzgebung auf der Vorstellung basieren, dass Tiere als fühlende Wesen Rücksicht verdienen, anders formuliert als empfindungs- und leidensfähige Wesen, die ihr Leben durch subjektive Gefühle als gut oder schlecht erfahren können, dann scheint dem eine Mitleidsmoral zugrunde zu liegen. Wie Schopenhauer, der Begründer dieser Moralkonzeption, sagt, bezieht sich moralisches Handeln nicht auf die handelnde Person selbst, sondern auf das Wohl und Wehe der anderen, die von unseren Handlungen betroffen sind. So gesehen wären alle leidensfähigen Wesen gleichermaßen Gegenstand der Rücksicht, es gibt aus dem Gesichtspunkt der Leidensfähigkeit heraus keinen Grund, prinzipielle Unterschiede in der moralischen Relevanz von Wesen vorzunehmen. Wir kommen so zu einer universalen Moralkonzeption, welche die Rücksicht so weit ausdehnt, wie sie möglich ist. Sie ist so weit möglich, wie Objekte oder Wesen nicht nur von menschlichen Handlungen betroffen sind, sondern dieses Affiziertwerden *subjektiv* erfahren und darunter leiden können. Und dazu gehören die Tiere. Ebenso wie die Erweiterung des Gegenstands der Rücksicht liegt auch die Ausdehnung der moralischen Motivation auf die Tiere nahe, denn der Affekt des Mitleids bezieht sich seinem Sinn nach auf *alle* leidensfähigen Wesen.

Doch auch wenn moralphilosophische Positionen meist einfach sind und nur ein einziges Kriterium oder Prinzip, wie hier die Leidensfähigkeit, ins Zentrum stellen, das alltägliche Moralbewusstsein ist nicht auf diese Weise einfach, sondern enthält eine Mischung unterschiedlicher Aspekte, die aus verschiedenen Quellen zusammenlaufen. So spielt neben dem Kriterium der Leidensfähigkeit die Begrifflichkeit von Rechten und Pflichten eine wichtige Rolle. Diese kann ihrerseits aus verschiedenen Theoriekontexten stammen. In der vertragstheoretischen Tradition bedeutet sie, dass die Menschen in einer Gemeinschaft sich auf wechselseitige Rechte und Pflichten geeinigt haben. Leitet sie sich von Kant ab, ist gemeint, dass sich aus dem allgemeinen Vernunftgesetz für den Menschen, der nicht ein reines Vernunftwesen ist, Pflichten ergeben. Dabei kommt hinzu, dass Kant der Vernunft und dem Menschen als vernünftigem Wesen einen besonderen Wert, eine Würde zuschreibt. Diese Vorstellung von der besonderen Würde des Menschen speist sich auch aus dem christlichen Hintergrund unserer Kultur und ist bis heute im Recht und in alltäglichen Vorstellungen wirksam.

Während der Gesichtspunkt des Mitleids für eine vollwertige moralische Rücksicht auf Tiere spricht, gilt das nicht unbedingt für die anderen Aspekte. Wie hoch die Fähigkeiten der Tiere auch sein mögen: Tiere haben nicht die Fähigkeit, eine Handlung aus der Vernunft zu begründen. Sie haben kein Verständnis eines Systems reziproker Rechte und Pflichten. Und sie haben keine Würde im Sinn des kulturellen Hintergrunds dieses Begriffs. Ist es dann, wenn diese Aspekte zu unserem Moralverständnis gehören, nicht in der Tat berechtigt zu sagen, dass die Tiere zwar im Hinblick auf ihre Leidensfähigkeit zählen, aber in anderer Hinsicht schwächer zu beurteilen sind als Menschen?

Doch auch Kleinkinder haben (noch) nicht die Fähigkeit, Handlungen vernünftig zu begründen oder wechselseitige Rechte und Pflichten zu verstehen. Das hindert uns jedoch nicht daran, sie in der Moral voll zu berücksichtigen. Wir haben Pflichten gegen sie, und sie haben volle moralische Rechte, auch wenn wir ihnen aufgrund des Fehlens mancher Fähigkeiten, welche Erwachsene haben, noch keine Pflichten zuschreiben können. Was bedeutet dann aber ein Recht, wenn es Wesen zugeschrieben wird, die sich nicht an der reziproken Moral beteiligen können?

Nun geht es hier um *moralische* Rechte (im Unterschied zu juridischen Rechten), und dieser Begriff ist schon im Bereich der zwischenmenschlichen Moral unklar. Das ist die Stelle, an der häufig Vorstellungen des Werts oder des moralischen Status eingeführt werden. Dass Wesen mit Fähigkeiten, durch die es ihnen subjektiv gut oder schlecht gehen kann, moralische Rechte haben, wird so verstanden, als würden diese Fähigkeiten ihnen einen *besonderen Status* verleihen, d. h., sie in irgendeinem Sinn wertvoll machen. Doch solche Werteigenschaften sind gesellschaftlich strittig, und daher ist es ratsam, die genannten Merkmale als das zu betrachten, was sie zunächst sind. Es handelt sich dann um gewöhnliche empirische Fähigkeiten – um diejenigen Fähigkeiten, welche dafür bestimmend sind, ob ein Wesen bzw. sein Wohlbefinden sinnvollerweise Gegenstand von Beachtung sein kann, oder anders gesagt, die seine Zugehörigkeit zu den Objekten der Moral ausmachen.

Aber in welchem Sinn kann man ihnen dann noch ein moralisches *Recht* auf Berücksichtigung ihrer Interessen zuschreiben? Und aus der umgekehrten Perspektive: Was *verpflichtet* uns dann, andere zu berücksichtigen?

Ohne Rückgriff auf Naturrechte oder metaphysische Werte lässt sich der Begriff eines moralischen Rechts, so denke ich, nur noch funktionalistisch verstehen. Ein moralisches Recht ist dann eben das, was die Moral Individuen verleiht: Der Rechtsbegriff ist eine Abkürzung dafür, dass ein Wesen mit subjektiven Interessen einen durch unser Normensystem begründeten Anspruch hat; dass es durch die moralischen Akteure so und so behandelt werden muss bzw. so und so nicht behandelt werden darf.

Der Rechtsbegriff bietet sich nicht nur als Abkürzung an, sondern er hat auch eine rhetorische Funktion in der öffentlichen Debatte. Zum einen bringt er explizit zum Ausdruck, dass die Rücksicht auf Individuen nicht mit dem Gesamtnutzen verrechenbar ist, sondern gerade eine Grenze für gesellschaftliche Strategien der Nutzenmaximierung darstellt. Zum anderen betont er die Verpflichtung aufseiten der anderen. Zwar kann man ein moralisches Recht anders als ein juridisches Recht nicht *einklagen*, aber es ist doch etwas, das man *einfordern* kann, etwas, dessen Beachtung einem die anderen schuldig sind.

Die heute im Fokus der Tierethikdebatte stehende Frage, ob Tiere den *gleichen* moralischen Status haben wie Menschen oder einen schwächeren, ist daher nicht hilfreich. Alle leidensfähigen Wesen sind prinzipiell in vollem Sinn Gegenstände der Moral, Punkt. Das heißt jedoch nicht, dass sie alle gleich zu behandeln sind. Unterschiede in der Anwendung ergeben sich, und dies schon innerhalb der Menschheit, weil die Individuen unterschiedliche Fähigkeiten, Interessen und Bedürfnisse haben und in unterschiedlichen Beziehungen zueinanderstehen. Die Erforschung dieser Fähigkeiten und Beziehungen ist nicht Aufgabe der Philosophie, sondern der empirischen Wissenschaften, insbesondere der Physiologie und Verhaltensbiologie, und, was die Mensch-Tier-Beziehung betrifft, auch der Soziologie und der Psychologie. Die Philosophie kann nur versuchen, diese schon vorhandenen Erkenntnisse begrifflich zu fassen und zu sortieren.

2. Die moralisch relevanten Fähigkeiten der Tiere

Sobald wir zu Fragen der Anwendung kommen, liegt eine erste Schwierigkeit in der pauschalen Rede von *den* Tieren. Aber es gibt ja nicht *die* Tiere, welche uns als Menschen gegenüberstehen, sondern zahllose Tierspezies mit sehr unterschiedlicher Ausstattung. Und die Abstände zwischen der menschlichen und einer nichtmenschlichen Spezies (z.B. Mensch und Schimpanse) können geringer sein als die zwischen zwei nichtmenschlichen Spezies (z.B. Schimpanse und Schnecke). Sind dann überhaupt alle Tiere in die Moral einzubeziehen, oder gibt es Tiere, die nicht leidensfähig sind und daher herausfallen? Letzteres gilt für Einzeller oder wenig differenzierte Mehrzeller, welche keine Nervenzellen haben. Doch auch bei Lebewesen mit Nerven- und Sinneszellen, die kein Zentralnervensystem haben, könnte man fragen, ob sie Leiden subjektiv erleben können.

Das minimale physiologische Kriterium für die Zugehörigkeit zur Moral wäre dann das Vorliegen eines Nervensystems mit einer gewissen Konzentration. Auf der Ebene des Verhaltens könnte man sagen, dass alle Tiere, die auf Reize hin ihr Verhalten ändern können, die anpassungsfähig sind, subjektive Erfahrungen machen. Von ihnen könnte man auch sagen, dass sie die Anpassung des Verhaltens an die Umwelt absichtlich oder bewusst vollziehen.

Für die Frage, *welche* Hinsichten der moralischen Rücksicht auf Tiere anwendbar sind, ist es jedoch wichtig, zwischen den verschiedenen Tierspezies zu unterscheiden. Der für den Umfang der Leidensfähigkeit entscheidende Schnitt ist der zwischen höher entwickelten und weniger entwickelten Spezies. Bei ersteren denkt man zuerst an Säugetiere. Doch es gibt hoch differenzierte Spezies in unterschiedlichen Linien der Evolution. So haben viele Vögel eine hohe Lernfähigkeit, und auch von Tintenfischen wissen wir inzwischen, dass sie ein zentralisiertes Nervensystem und hohe Lernfähigkeit haben. Man könnte vielleicht allgemein die höher entwickelten Tiere dadurch ausgrenzen, dass sie nicht nur lernfähig sind, sondern sozusagen auch das Lernen lernen können, sie können Gelerntes auf andersartige Aufgaben übertragen. Sie haben nicht nur einzelne Erlebnisse von Lust und Unlust, sondern sind subjektiv auf ihr Wohl im Ganzen bezogen, sie können sich an positive und negative Erfahrungen erinnern und sie antizipieren. Da wir in den hauptsächlichen Nutzungsformen, also Massentierhaltung und Tierversuchen, gerade hoch entwickelte Tiere vor uns haben, werde ich mich im Weiteren auf diese Entwicklungsstufe der Tiere beschränken.

Was höhere Tiere betrifft, hat nun die jüngere Verhaltensbiologie erstaunliche Einsichten gewonnen. Aus ihnen ergibt sich, dass das gängige Moralprinzip, das wir gegenüber Tieren anwenden, das Verbot, ihnen Leiden zuzufügen, der Komplexität der Fähigkeiten dieser Tiere nicht gerecht wird und so die einzelnen Rechte der Tiere nicht hinreichend explizit macht. Wir müssen daher, gestützt auf die Ergebnisse der Biologie, differenziert herausarbeiten, was wir den Tieren moralisch schulden.

Dabei lässt sich durchaus der Leidensbegriff verwenden. Jedoch ist es wichtig, diesen in einem grundsätzlichen und umfassenden Sinn zu verstehen. Schopenhauer bezieht die Mitleidsmoral auf das Wohl. Das Wohl höher entwickelter Tiere wird jedoch nicht nur durch physische Schmerzen beeinträchtigt. Sie können auch Affekte wie Freude oder Furcht empfinden. Sie können darunter leiden, dass ihr Bewegungsspielraum eingeschränkt ist. Sie können Langeweile erleben, wenn ihre Betätigungsmöglichkeiten monoton sind. Besonders hoch entwickelte Tiere, die eine Art Selbstbewusstsein haben, können vermutlich Todesangst empfinden.

Die Kenntnis dieser Fähigkeiten ist der eine Aspekt, der für die Frage, wie wir mit Tieren umgehen sollen, relevant ist. Er reicht für die Gewinnung konkreter moralischer Forderungen aber nicht aus. Für die Frage, wer für die Verbesserung der Lage der Tiere in der industriellen Haltung zuständig ist, oder die Frage, ob wir Wildtieren bei Nahrungsknappheit helfen sollen, müssen wir neben den Bedürfnissen der Tiere auch wissen, in welcher Art von Beziehung sie zu uns stehen und welche Beziehungen welche moralischen Implikationen haben.

3. Welche Rechte haben Tiere?

Moraltheorien, die den Begriff des Rechts oder der Pflicht zugrunde legen, betonen häufig die negativen Pflichten bzw. die Rechte, die vor Eingriffen schützen. So nennt § 1 des deutschen *Tierschutzgesetzes* zunächst den Schutz von Leben und Wohlbefinden der Tiere als Kern des Gesetzes und fordert dann: «Niemand darf einem Tier ohne vernünftigen Grund Schmerzen, Leiden oder Schäden zufügen.»

Denken wir aber an Tiere, die in der menschlichen Gemeinschaft leben, also Haustiere und Nutztiere, dann gehen unsere Pflichten weit darüber hinaus. Das sieht auch das *Tierschutzgesetz*, wo es in § 2 heißt: «Wer ein Tier hält, betreut oder zu betreuen hat, muss das Tier seiner Art und seinen Bedürfnissen entsprechend angemessen ernähren, pflegen und verhaltensgerecht unterbringen.» In der Tat haben wir diese Tiere aus ihrem natürlichen Kontext herausgenommen, sodass sie nicht in der Lage sind, ihre Lebensbedingungen selbst zu sichern. Daher haben wir ihnen gegenüber Pflichten der Fürsorge, der Gewährleistung von Nahrung und Schutz.

Tiergefährten haben darüber hinaus, wie die Verhaltensbiologie gezeigt hat, hochstufige soziale Fähigkeiten, welche ein komplexes Zusammenleben ermöglichen. In der Ethikdebatte wird inzwischen gesehen, dass es nicht nur allgemeine Verpflichtungen gibt, die man gegen Beliebige hat, etwa niemanden zu schädigen, niemandes Freiheit zu verletzen usw.; vielmehr gibt es auch sogenannte spezielle Verpflichtungen, die man nur gegenüber bestimmten Wesen hat. Sie gehen aus konkreten Handlungen hervor, welche Bindungen erzeugen. Eine spezielle Verpflichtung generiert man beispielsweise, wenn man ein Versprechen äußert, aber auch dann, wenn man durch sein Verhalten Erwartungen erzeugt oder wenn solche Erwartungen durch die Art der Interaktion entstehen, wie es zwischen Menschen in Nahbeziehungen der Verwandtschaft, Freundschaft oder Nachbarschaft der Fall sein kann. Solche Erwartungen aufgrund von Verhaltensgewohnheiten werden auch in Beziehungen zu Haustieren erzeugt.

Wir können also im Fall der Tiergefährten, wo die stärkste Beziehung vorliegt, die zwischen Mensch und Tier denkbar ist, drei Aspekte unterscheiden: erstens die Normen, die verbieten, das Wohlbefinden zu verletzen (hier sind wiederum verschiedene Teilaspekte zu beachten: keine Schmerzen oder Angst zufügen, nicht am aktiven Lebensvollzug hindern, nicht der Sozialpartner berauben); zweitens die Fürsorgepflichten gegen abhängige Wesen (füttern, Unterkunft gewähren usw.); drittens die speziellen

Verpflichtungen, deren konkreter Inhalt sich aus dem Verhalten ergibt, mit dem wir Erwartungen erzeugt haben (zum Beispiel das Tier zu beachten, zu loben, mit ihm zu spielen, es zu streicheln).

Betrachten wir unsere Beziehung zu freilebenden Tieren, so sind unsere Verpflichtungen zunächst geringer. Hier gilt primär die Norm, nicht ohne Grund Leiden zuzufügen. Da beispielsweise ein Tier, das gejagt wird, Angst empfindet, spricht alles gegen diese Art der Tiernutzung.

Nun scheint es allerdings in manchen Fällen unvermeidlich, dass Menschen die Interessen freilebender Tiere verletzen. So haben Gruppen von Menschen immer mit Tieren in ihrer Umgebung um Lebensraum und Nahrung konkurriert, ebenso wie das Gruppen von Menschen mit anderen menschlichen Gruppen und die eine Tierspezies mit anderen tut. Hier liegt das vor, was man einen Interessenkonflikt nennt. Der korrekte Umgang mit einem solchen Konflikt zwischen Menschen bestünde darin, eine gerechte oder faire Lösung zu suchen, einen Kompromiss, den alle Beteiligten akzeptieren können. Doch mit Tieren können wir keinen Kompromiss aushandeln, bei dem jede Seite ein Stück weit nachgibt, hier fehlt den Tieren eine Fähigkeit, welche erst Menschen haben. Wir können nur ihre Interessen mit in unsere Überlegung aufnehmen und müssen ihnen dann den gefundenen Kompromiss aufzwingen. Hier ist also eine gewisse Leidenszufügung unvermeidlich, wenn wir nicht umgekehrt auf unsere Interessen verzichten wollen. In diesem Zusammenhang könnten auch gewisse Fürsorgepflichten entstehen. Wo es für die betroffenen Tiere schwierig ist, andere Nahrungsquellen oder Lebensräume zu finden, könnte man argumentieren, dass wir die Pflicht haben, ihnen dabei – zumindest anfänglich – zu helfen.

Faktisch hat die Menschheit die Erde und die Natur so sehr verändert, dass dies vermutlich Auswirkungen auf alle Spezies hat, dass die Ausdehnung und Lebensform der Menschheit die Ressourcen an Raum und Nahrung für die Tiere immer weiter reduziert. Hier lässt sich nicht mehr eine konkrete Verpflichtung einzelner Menschen feststellen. Man kann hier nur noch gemeinsam allgemeine Maßnahmen der Fürsorge ergreifen, Schutzgebiete für Tiere einrichten, möglichst viele Nischen für Wildtiere bewahren usw. Soweit das ein moralisches Erfordernis ist, betrifft es einzelne (wenn auch unbestimmte) Tiere, denn diese sind es, die unter der Verunmöglichung ihres Wohlbefindens leiden.

Es sind uns jetzt verschiedene inhaltliche Bereiche der Moral begegnet: Erstens Rücksicht auf das Wohlbefinden von Tieren, Leidensvermeidung oder Rücksicht auf Tierrechte; zweitens Fürsorge für Tiere; drittens spezielle Verpflichtungen gegenüber Tieren. Um ein vollständiges Bild der Moral zu erhalten, müssen wir noch diejenigen Aspekte hinzunehmen, die allein im Verhalten zwischen den Subjekten der Moral vorkommen. Dies sind insbesondere die reziproke Beachtung von Rechten und Pflichten bzw. die Achtung der moralischen Akteure füreinander.

Diese Gesichtspunkte sind systematisch so verbunden, dass sie alle in verschiedener Perspektive auf das Wohlbefinden oder gute Leben der Wesen bezogen sind, die ein solches haben können. Der Inhalt der Moral besteht durchweg darin, das individuelle Wohlbefinden nicht zu verhindern oder manchmal auch teilweise zu ermöglichen. Unterschiede ergeben sich aus der Verschiedenheit der Fähigkeiten, der Lebensbedingungen und der Beziehungen der Individuen. Dass ein Kind ein Recht auf Schulbildung hat, ein Tier nicht, dass ein Haustier ein Recht auf Fütterung hat, ein Wildtier nicht, liegt nicht daran, dass sie einen unterschiedlichen moralischen Status oder Wert haben, sondern daran, dass sie unterschiedliche Fähigkeiten haben oder in unterschiedlichen Beziehungen zu uns stehen.

4. Konflikte und Gewichtungen

Nun ist zwar eine Rangordnung unpassend im Vergleich der moralischen Objekte untereinander, hingegen spielt sie eine Rolle bei der Beurteilung moralischer *Handlungen.* Denn die Aspekte der Moral können in komplexen konkreten Situationen miteinander in Konflikt geraten, und ebenso können die verschiedenen inhaltlichen Seiten des Wohlbefindens Ansprüche enthalten, die sich nicht miteinander vereinbaren lassen. Einen Konflikt zwischen den Ansprüchen verschiedener Individuen konstatieren viele Autoren mit Blick auf die Zulässigkeit von Tierversuchen. So soll das Verbot, Tieren Leiden zuzufügen, mit unseren speziellen Hilfsverpflichtungen gegenüber Mitgliedern der eigenen Spezies zusammenstoßen. In solchen Entscheidungssituationen ist jeweils die Frage, welche Handlung die bestmögliche ist.

Zwischen dem Leiden, das wir Tieren in Tierversuchen zufügen, und der Hilfe für kranke Menschen, die wir von solchen Versuchen erhoffen, besteht jedoch *kein* Konflikt im engeren Sinn. Denn zum einen ist ein Tierversuch nicht ein Mittel der Hilfe im konkreten Notfall, man denke nur an Versuche in der Grundlagenforschung. Aber auch wo der Bezug zur Krankheitsbekämpfung enger ist, liegt hier kein Normenkonflikt im gewöhnlichen Sinn vor, das heißt in dem Sinn, dass er in der Handlungssituation vorgegeben ist. Vielmehr bringen wir die Tiere erst in eine Situation, in denen ihnen Leiden entsteht. Inhalt der Moral ist aber gerade der Schutz des Wohls von Individuen, die ein subjektives Wohlbefinden haben können, und nicht eine utilitaristisch kalkulierte Glückssumme, in der Individuen zugunsten der Summe geopfert werden können.

Gerade in diesem Zusammenhang, also um sichtbar zu machen, dass Individuen Grenzen der Kalkulation sind, bietet sich der

Begriff eines moralischen Rechts an. Denn die Abwesenheit unerträglicher physischer Leiden und schwerer physischer Schäden, die die Ausübung des eigenen Lebens verhindern, scheint die Vorbedingung jeder Art von Wohlbefinden zu sein. Das würde heißen, dass Tierversuche allenfalls dann akzeptabel sind, wenn die Tiere mit hinreichend Auslauf gut gehalten werden und ihnen nur minimales Leiden in Form von Schmerzen oder Angst entsteht und sie bei Zunehmen der Schmerzen anästhesiert und bei irreversiblen Schäden unter Narkose getötet werden.

Über das Töten habe ich, da mein Kriterium für die Zugehörigkeit zur Moral die Leidensfähigkeit ist, nicht geredet. Der allgemeine Grundsatz des *Tierschutzgesetzes* möchte allerdings das Wohlbefinden *und Leben* der Tiere schützen. Er verbietet es, einem Tier ohne vernünftigen Grund Schmerzen, Leiden oder *Schäden* zuzufügen. Es ist die übliche Deutung des Gesetzes, dass unter die Zufügung von Schäden das Töten als größtmöglicher Schaden fällt, dem man einem Lebewesen zufügen kann.

Praktisch sieht es so aus, dass das Töten von Tieren in der Massentierhaltung mit Stress beim Transport, Angst auf dem Schlachthof und oft genug auch mit Schmerzen verbunden und schon deswegen inakzeptabel ist. Aber nehmen wir an, ein Tier wird getötet, ohne dass es Schmerzen, Angst oder Stress erleidet, was spricht dagegen? Worauf bezieht sich das Tötungsverbot? Es kann sich dann nur auf das Interesse oder den Wunsch des Weiterlebens beziehen. Ein solcher Wunsch setzt Selbstbewusstsein und Zukunftsbewusstsein voraus. Nun sagt uns die aktuelle Verhaltensforschung, dass hoch entwickelte Tiere wie Menschenaffen oder Delfine solche Fähigkeiten oder Vorstufen davon haben, vielleicht auch schon Säugetiere allgemein. Für sie wäre dann der Tod auch subjektiv ein Schaden.

Empfohlene Literatur:

Balcombe, J., Second Nature. The Inner Life of Animals. New York, 2010.

Bekoff, M., Meaney, C. A. (Hg.), Encyclopedia of Animal Rights and Animal Welfare. Westport (CT), 1998.

Birmelin, I., Tierisch intelligent, Stuttgart, 2011.

Borchers, D., Luy, J. (Hg.), Der ethisch vertretbare Tierversuch. Kriterien und Grenzen. Paderborn, 2009.

Dawkins, M. St., Leiden und Wohlbefinden bei Tieren. Stuttgart, 1982 (Originalausgabe: Animal Suffering. The Science of Animal Welfare, London, 1980).

DeGrazia, David, Taking Animals Seriously. Mental Life and Moral Status. Cambridge (UK), 1996.

Diehl, E., Tuider, J. (Hg.), Haben Tiere Rechte? Aspekte und Dimensionen der Mensch-Tier-Beziehung. Bonn, 2019.

Griffin, D. R., Wie Tiere denken, München, 1990 (Originalausgabe: Animal Thinking, Cambridge [MA] 1984).

Münch, P., Walz, R. (Hg.), Tiere und Menschen. Geschichte und Aktualität eines prekären Verhältnisses. Paderborn u. a., 1999.

Wolf, U., Ethik der Mensch-Tier-Beziehung, Frankfurt am Main, 2012.

254110

JÖRG LUY

VON DER THEORIE ZUR PRAXIS – UND ZURÜCK

Die industrielle Tierhaltung als Nebenwirkung einer wissenschaftlichen Fehleinschätzung

Die landwirtschaftliche Tierhaltung steht gegenwärtig vor enormen Herausforderungen, denn sie soll tierfreundlich, umweltverträglich und klimaneutral werden. Dabei sollen die Landwirte die damit verbundene Mehrarbeit ebenso wie die notwendigen Investitionen nicht ohne Gegenleistung erbringen, aber Lebensmittel sollen für Verbraucher auch nicht wesentlich teurer werden. Das sind die zentralen Elemente der kniffligen Aufgabe, mit der sich die Landwirtschaftsministerien seit einiger Zeit konfrontiert sehen. Auf welchen Wegen die Ziele erreicht werden können, ist noch nicht abschließend erforscht, und es ist auch noch nicht ausgemacht, wie die Mehrkosten verteilt werden. Klar scheint bislang nur, dass die landwirtschaftliche Tierhaltung «transformiert» werden soll – primär in Bezug auf den Umgang mit den Tieren, aber auch mit Boden, Wasser und Luft sowie im Hinblick auf die Freisetzung von Klimagasen.

Auch wenn es vordergründig nicht so aussieht, als ob die Verhaltensbiologie von Tieren in der Landwirtschaft und das Verbraucherverhalten in Bezug auf Milch, Eier und Fleisch viel miteinander zu tun haben, sollen die komplexen Beziehungen zwischen den beiden in diesem Beitrag ausgeleuchtet werden, um auf Chancen und Risiken für die angestrebte Verbesserung der landwirtschaftlichen Tierhaltung hinzuweisen. Dabei soll es primär um das Tierbild gehen, denn hier könnte sich die Verhaltensbiologie als eine Art Joker erweisen, weil die Revolution, vor der die landwirtschaftliche Tierhaltung gegenwärtig steht, in diesem Wissenschaftszweig bereits stattgefunden hat. Noch vor wenigen Jahrzehnten lauteten zwei wesentliche verhaltensbiologische Dogmen: Tiere können nicht denken, und über ihre Emotionen können keine Aussagen getroffen werden. Heute halte dieselbe Wissenschaft beide Aussagen für falsch und vertrete das genaue Gegenteil, schreibt Norbert Sachser in seinem Buch «Der Mensch im Tier», in dem er den aktuellen Wissensstand der Verhaltensbiologie zusammenfasst. Es habe eine «Revolution des Tierbildes» stattgefunden. Tiere mancher Arten könnten sehr wohl denken, sie seien nachweislich zu einsichtigem Verhalten in der Lage. Und manche Tiere hätten Emotionen, die denen des Menschen bis ins Detail gleichen. Das Tierbild der modernen Verhaltensbiologie habe in den vergangenen Jahrzehnten einen so gravierenden Wandel erfahren, dass von einem Paradigmenwechsel gesprochen werden könne (vgl. auch die Beiträge von Norbert Sachser sowie von Sylvia Kaiser und Helene Richter).

Was aber bedeutet dieses Umdenken für eine Gesellschaft, deren Anspruch es ist, ihr Handeln stets am aktuellen Stand der wissenschaftlichen Erkenntnis auszurichten? Erlaubt uns das neue Tierbild, noch von «Nutztieren» zu sprechen? Und ist das gegenwärtige Tierschutzgesetz, das aus der Blütezeit des alten Tierbildes stammt, überhaupt korrekt geeicht (vgl. den Beitrag von Anne Peters)?

Ein Katalysator für die Entwicklung der Massentierhaltung

Um die Auswirkungen des neuen Tierbildes auf die Zukunft der landwirtschaftlichen Tierhaltung abzuschätzen, ist es erforderlich, zunächst den Einfluss des alten Tierbildes auf die gegenwärtige Form der sogenannten «Nutztierhaltung» in den Blick zu nehmen. Die gegenwärtige Form, über deren «Transformation» mittlerweile ein breiter gesellschaftlicher Konsens besteht, ist etwa 60 bis 70 Jahre alt. Sie wurde ab den 1950er-Jahren in den Industriestaaten eingeführt (später weltweit) und in Deutschland von den Landwirten ebenso wie vom Gesetzgeber zunächst als «Massentierhaltung» bezeichnet. Der Begriff wurde bis zur Mitte der 1970er-Jahre weitgehend wertneutral verwendet, vergleichbar dem Begriff «Massenmedien». Die Bundesregierung, die sich durch den globalen Wettbewerb auf den Agrarmärkten gezwungen sah, das damalige Tierschutzgesetz durch ein neues zu ersetzen, um diese Form der landwirtschaftlichen Tierhaltung zu legalisieren, hat «Massentierhaltung» 1971/72 in der offiziellen Begründung für das neue Gesetz als «Haltung großer Nutztierbestände auf begrenztem Raum in neuzeitlichen Haltungssystemen» definiert. Die neuen Haltungsformen, die zuerst als Käfigbatterien für Legehennen eingeführt wurden, dienen dazu, die von der Branche sogenannte «Tierproduktion» so effizient wie möglich zu machen. Da die günstigen Produkte zwar gerne gekauft, die neuen Haltungsformen aber zu keinem Zeitpunkt in der Breite der Gesellschaft wertgeschätzt wurden, entwickelte sich die Bezeichnung «Massentierhaltung» schnell zum Inbegriff menschlichen Fehlverhaltens gegenüber Tieren. Im offiziellen Sprachgebrauch wurde sie deswegen schon früh durch den synonymen Begriff «intensive Tierhaltung» bzw. «Intensivtierhaltung» ersetzt.

Eine enge Verknüpfung der auch als «industrielle Tierhaltung» bezeichneten Intensivtierhaltung mit den Motiven und Methoden der industriellen Massenfertigung hat es indessen von Beginn an gegeben. Bei der Effizienzmaximierung spielte die gegenseitige Inspiration von Tierproduktion und industrieller Massenfertigung eine zentrale Rolle. Es ist vermutlich kein Zufall, dass der Beginn der Rationalisierung der Viehwirtschaft durch systematische züchterische Selektion zeit- und ortsgleich mit dem der industriellen Revolution in der Mitte des 18. Jahrhunderts in Großbritannien zusammenfällt. Der neue Gedanke systematisch betriebener Tierzucht wurde allgemein begrüßt, da die Beseitigung von Erbdefekten und die Verbesserung der Konstitution Vorteile für Mensch *und* Tier mit sich brachten. Außer diesen züchterischen Maßnahmen geschah im Verlauf der nächsten 200 Jahre bemerkenswert wenig. Erst in der Mitte des 20. Jahrhunderts wurden schlagartig Züchtung, Haltung, Fütterung und Schlachtung der Tiere auf größtmögliche Erträge umgestellt und das heutige, seine Effizienz immer weiter steigernde System der «Tierproduktion» eingeführt. An der sehr schnellen, von der breiten Bevölkerung zwiespältig aufgenommenen Entwicklung, die einerseits mit der Verbilligung von Nahrungsmitteln und andererseits mit den Nachteilen der Massentierhaltung verbunden war, scheint die Verhaltensforschung nicht unbeteiligt gewesen zu sein. Denn in der ersten Hälfte des 20. Jahrhunderts interpretierten die führenden Verhaltensforscher in Europa und den USA ihre Rolle streng naturwissenschaftlich und klammerten die *nicht direkt messbaren* Emotionen und Denkleistungen der Tiere als Forschungsgegenstand aus. Denken und Gefühle spielten zu dieser Zeit für die Erklärung des Verhaltens keine Rolle, ja sie tauchten nicht einmal als Bindeglieder auf, da man damals davon ausging, dass zu Bewusstseinsinhalten keine überprüfbaren Aussagen möglich seien. Daraufhin verbreitete sich – noch einen Schritt weitergehend – ausgehend von den USA unter nicht wenigen Wissenschaftlern weltweit eine eigenartige Sicht- und Verhaltensweise, die dadurch charakterisiert ist, Denken und Gefühle bei Tieren als *nicht existent* zu behandeln. Diese als «Behaviorismus» bezeichnete Sichtweise scheint wie ein Katalysator für die wissenschaftliche Entwicklung der «Massentierhaltung» gewirkt zu haben.

In den USA waren die Vertreter des Behaviorismus jahrzehntelang die einflussreichsten Verhaltensforscher an den Universitäten. Vor und nach der kurzen Blütezeit des Behaviorismus wurde demgegenüber von keinem namhaften Forscher infrage gestellt, dass höher entwickelte Tiere in jeweils artspezifischem Umfang denken und fühlen. Nur eine einzige Ausnahme gab es in Person des französischen Philosophen René Descartes (1596–1650), dessen berühmt-berüchtigte Automatenhypothese – 200 Jahre vor Charles Darwins Evolutionstheorie – die Vorstellung zum Ausdruck brachte, Tiere könnten, anders als Menschen, nur Reflexautomaten ohne Leidensfähigkeit und Verstand sein. Auf den Umgang der Bevölkerung mit Tieren hatte weder das Tierbild Descartes' noch das Tierbild des Behaviorismus nennenswerte Auswirkungen. Unter wissenschaftlichen Laien waren diese Sichtweisen kaum verbreitet. Dass demgegenüber die Agrarwissenschaftler, die *im 20. Jahrhundert* an der Rationalisierung der landwirtschaftlichen Tierhaltung arbeiteten, sich durch das damals vorherrschende Konzept des Behaviorismus in ihrem Tun legitimiert fühlen konnten, erklärt aber die Hemmungslosigkeit, mit der sie sich im Gegensatz zu ihren Vorgängern an die Arbeit machten.

Leiden Nutztiere oder leiden sie nicht?

Die im 20. Jahrhundert zeit- und ortsgleich mit der Ausbreitung des Behaviorismus in den Industriestaaten vorangetriebene Entwicklung «neuzeitlicher Haltungssysteme» schuf die technischen Voraussetzungen für so billige Nahrungsmittel wie nie zuvor. Da die Haltungssysteme aber zu keinem Zeitpunkt von der Bevölkerung wertgeschätzt wurden, entstand ein gesellschaftliches Spannungsfeld zwischen den von der Land- und Ernährungswirtschaft unterstützten, behavioristisch argumentierenden Wissenschaftlern auf der einen Seite und einer innerlich zerrissenen Bevölkerung, die Wertschätzung für die kostengünstigen Lebensmittel, nicht aber für die Produktionsmethoden entwickelte, auf der anderen Seite. In Deutschland führte dieses Spannungsfeld zu einer die gesamten 1960er-Jahre durchziehenden politischen Debatte über die Zukunft der landwirtschaftlichen Tierhaltung, die erst 1971/72 mit der Neufassung des Tierschutzgesetzes vorübergehend beendet wurde und gegenwärtig wieder voll entflammt ist.

In ihrem die gesellschaftliche Debatte maßgeblich mitbestimmenden Buch «Animal Machines» beschreibt Ruth Harrison 1964 die Haltung von Legehennen in Käfigbatterien wie folgt:

«[Moderne, abgeschrägte Käfige werden] zu Einheiten vereint, die wie riesige Maschinen aussehen, was sie ja auch sind. Die Käfige sind in drei, vier, sogar fünf Stockwerken angeordnet, sie stehen in langen Reihen und stoßen mit Rücken- und Seitenwänden aneinander. Diese Batterien füllen den verfügbaren Raum so aus, dass die Gänge zwischen ihnen gerade noch die Betreuung der Tiere ermöglichen. Futtertröge laufen vorn an den Käfigen entlang und werden durch ein Förderband versorgt, das aus einem Futterbehälter an einem Ende Nachschub heranträgt. [...] Eine zweite durchlaufende Rinne liefert Trinkwasser, oder es erhält jeder Käfig eine automatische Tränke, die von einer Wasserleitung gespeist wird. [...] Die Henne steht auf einem Drahtgitter, das nach hinten in einem Winkel von 11 Grad ansteigt, so dass die Eier in ein weiteres Drahtnetz vor dem Käfig rollen, wo sie nicht durch den Kot verschmutzt werden [...]. Lange Zeit wurde in jeden Käfig nur eine Henne eingesperrt, dann versuchte man es mit zweien. [...] Die Gewinne waren ein wenig größer, denn bei gleichem Kostenaufwand für die Einrichtung konnte man mehr Tiere halten. Dann kamen drei, manchmal sogar vier Legehennen in einen normalen Käfig von 38 auf 40 Zentimeter Größe. Berücksichtigte man nur den Verdienst, schienen die Ergebnisse recht günstig zu sein.»

Diese Haltungsform als Tierquälerei zu betrachten, war in der Bevölkerung so verbreitet, dass ein Verbot der Käfighaltung schon 1960 parlamentarisch diskutiert und 1961 in den Gesetzentwurf für ein neues Tierschutzgesetz aufgenommen wurde. Das Verbot der Käfighaltung wurde dann jedoch im Verlauf der 1960er-Jahre wieder aus dem Gesetzentwurf gestrichen. Diesen Schritt rechtfertigte die Bundesregierung 1971 in ihrer Begründung für das neue Tierschutzgesetz mit wirtschaftlichen Erwägungen: «Die Entwicklung zur Massentierhaltung ist im letzten Jahrzehnt weltweit erfolgt; sie muss als ökonomisch gegeben angesehen werden.»

Das Tierschutzgesetz von 1971/72, durch das in Deutschland die Intensivtierhaltung legalisiert wurde, stützt sich in Teilen auf ein behavioristisches Konzept. In ihrer Gesetzesbegründung schreibt die Bundesregierung weiter, das neue Gesetz solle das alte Tierschutzgesetz ablösen, das «hinsichtlich seiner wissenschaftlichen Grundlage» nicht mehr aktuell sei. Die vormals gefühlsbetonten Beurteilungsmaßstäbe müssten durch «exakte und repräsentative wissenschaftliche Feststellungen über tierartgemäße und verhaltensgerechte Normen und Erfordernisse» ersetzt werden. Im Allgemeinen sei die Tierhaltung solange als gesetzeskonform anzusehen, wie «gestörte körperliche Funktionen» mit naturwissenschaftlichen Methoden nicht feststellbar sind.

Wie schon angesprochen, dienen die Neuerungen, die mit der Einführung von Käfigbatterien für Legehennen begannen, bis heute dazu, die Effizienz der «Tierproduktion» immer weiter zu steigern. Für die Landwirte ist diese Rationalisierung paradoxerweise nicht mit wirtschaftlicher Nachhaltigkeit verbunden gewesen. Ganz im Gegenteil wurde durch die intensive Tierhaltung ein extremer Verdrängungswettbewerb in Gang gesetzt, der in Deutschland im Zeitraum von 1950 bis 2017 die Aufgabe von über 90 Prozent der rinderhaltenden und von über 99 Prozent der schweinehaltenden Betriebe zur Folge hatte. Übrig geblieben sind nur wenige, im Regelfall inzwischen sehr große Betriebe. Ein Ende dieser Entwicklung zeichnet sich nicht ab. Unterstellt, dass die meisten der Landwirtfamilien, die in den vergangenen Jahrzehnten ihren Betrieb schließen mussten, gerne weitergemacht hätten, erweist sich das System der intensiven Tierhaltung sogar für die Interessen der Landwirte als kontraproduktiv.

Für nicht wenige Tiere ist das System der «Tierproduktion» allerdings die größte vorstellbare Katastrophe. Denn neben der an sich schon nicht unproblematischen «Haltung großer Nutztierbestände auf begrenztem Raum in neuzeitlichen Haltungssystemen» spielen noch zwei weitere für die «Tierproduktion» charakteristische Aspekte eine geradezu tierverachtende Rolle: die sogenannten «leistungsabhängigen Gesundheitsstörungen» und die Entsorgung von Individuen, die sich nicht profitabel vermarkten lassen.

Leistungszucht und Entsorgung nicht profitabler Tiere

In der zweiten Hälfte des 20. Jahrhunderts wurden Zuchtprogramme zur genetischen Verbesserung von wirtschaftlich interessanten Leistungsmerkmalen entwickelt. Bis heute stehen Merkmale wie Milchmenge, Speckdicke oder Rückenmuskelfläche, Eizahl und -gewicht, Gewichtszunahme und Bemuskelung im Mittelpunkt systematischer Selektionsprogramme. Die Leistungszucht führte jedoch schnell zu gesundheitlichen Problemen. Heute werden zahlreiche, nicht selten sehr schmerzhafte Gesundheitsstörungen auf die züchterische Leistungssteigerung zurückgeführt. Schweine erreichen heute ihr Schlachtgewicht von etwa 100 kg im Alter von nur sechs bis sieben Monaten. Als unbeabsichtigte Nebenwirkung der Leistungszucht wurde die Wachstumsgeschwindigkeit der Muskulatur jedoch von der des Skeletts und seiner Gelenke entkoppelt. Bei Tieren mit züchterisch stark beschleunigtem Muskelwachstum, wie Schweinen, Masthühnern oder Puten, finden sich daher nicht selten orthopädische Krankheitsbilder mit spezifischen Knorpel-, Knochen- oder Muskelschäden.

Für diese, die Leistungszucht begleitenden Erkrankungen ist der Oberbegriff «leistungsabhängige Gesundheitsstörungen» eingeführt worden. Hohe und einseitige Nutzleistungen sind zwar theoretisch mit Gesundheit vereinbar, führen aber in der Praxis nicht selten zu erheblichen Beeinträchtigungen. Die Ursachen dieses Phänomens sind komplex, lassen sich jedoch letztlich darauf zurückführen, dass die Leistungszucht aufeinander abgestimmte Prozesse entkoppelt und dadurch die Anfälligkeit für spezifische Gesundheitsstörungen erhöht. Nach aktuellen Untersuchungen der Universität Kopenhagen (2021) leiden beispielsweise vier von fünf Legehennen in dänischen Ställen unter Brüchen des Brustbeinknochens. Die Wissenschaftler haben in der bisher größten systematischen Studie zur Knochengesundheit von fast 5000 Legehennen in 40 Beständen herausgefunden, dass mindestens 85 Prozent der Tiere wenigstens einmal einen Bruch des Brustbeins erlitten hatten. Sie gehen davon aus, dass die meisten derartigen Verletzungen eine Folge der Zucht auf möglichst viele und möglichst große Eier sind, denn der zu hohe Calciumbedarf für die Eierschalen verhindert bei jungen Hennen die vollständige Verknöcherung des Brustbeins.

Eine weitere Folge der Leistungszucht ist die Entsorgung von Individuen, die sich nicht profitabel vermarkten lassen. Während über Jahrtausende bis zur Einführung der Leistungszucht bei Hühnern die weiblichen Tiere als Legehennen genutzt und die männlichen Tiere gemästet wurden («Brathähnchen»), erwies es sich nun als wirtschaftlich günstiger, Hühner mit hoher Legeleistung und geringer Bemuskelung und Hühner mit starker Bemuskelung und geringer Legeleistung als getrennte Linien zu züchten. Dies hat zur Folge, dass seitdem in den Legelinien Hahnenküken schlüpfen, die, weil sie weder Eier legen noch mit den Mastlinien (den sog. «Broilern») wirtschaftlich konkurrieren können, gleich nach dem Schlüpfen getötet werden. In Deutschland wurden bis Ende 2021 jährlich rund 45 Millionen männliche Eintagsküken aus Legelinien getötet. Nach der Entwicklung von Verfahren zur Geschlechtsbestimmung im Ei ist in Deutschland, als erstem Land der Welt, die Eintagskükentötung seit dem 1. Januar 2022 verboten.

Bislang ungelöst ist demgegenüber die Situation der überzähligen Kälber aus Milchviehbetrieben. Dieses Problem ist darauf zurückzuführen, dass für die Milchproduktion regelmäßig Kälber zur Welt kommen müssen, aber der Absatz von Kalbfleisch hinter der Nachfrage nach Milch und Milcherzeugnissen zurückbleibt. Verstärkt wird diese problematische Entwicklung durch den Trend zu fleischarmer Ernährung. Beispielsweise wurden vor der Corona-Krise weibliche Kälber von Milchviehrassen in manchen Regionen für unter 10 Euro auf den Markt geworfen und zur Billigmast ins Ausland, nicht selten bis nach Spanien, transportiert. Das Problem mit den nicht einmal kostendeckenden Kälberpreisen betrifft Bio-Milchbetriebe ebenso wie konventionelle Milchbauern. Selbst die Schweinezucht hat inzwischen überzählige Tiere hervorgebracht, indem auf Würfe selektiert wurde, die größer sind als die Zahl der mütterlichen Zitzen. Es steht der Vorwurf im Raum, dass in einigen Betrieben die jeweils schwächsten Ferkel unter Missachtung des Tierschutzgesetzes von den Landwirten getötet und entsorgt werden.

Sozioökonomische Schwierigkeiten

Die Verhaltensbiologie konnte ihr Tierbild in den vergangenen Jahrzehnten *im Einklang mit der Bevölkerung* revolutionieren, da das neue Tierbild dem weitverbreiteten Tierbild wissenschaftlicher Laien nicht (mehr) widerspricht. Kein Hundehalter sieht in seinem Gefährten nur einen seelenlosen Reflexautomaten. Der landwirtschaftlichen Transformation stehen hingegen zwei größere sozioökonomische Probleme im Weg: Erstens sind die Erzeugnisse der in vielerlei Hinsicht rücksichtslosen Tierproduktion erheblich billiger als Lebensmittel, die im Hinblick auf den Tier-, Natur-, Umwelt- und Klimaschutz die heutigen gesellschaftlichen Anforderungen erfüllen. Und zweitens reagieren Teile der Bevölkerung auf den Versuch, den Fleischkonsum wieder zu reduzieren, wie hungrige Hunde, denen ein Knochen weggenommen werden soll. Man könnte etwas beschönigend sagen: «not amused». Neben den bislang noch ungelösten *technischen* Herausforderungen, die landwirtschaftliche Tierhaltung tierfreundlich, umweltverträglich und klimaneutral zu machen, sind es insbesondere diese zwei *sozioökonomischen* Probleme, die erklären, warum es nur so langsam damit vorwärts geht, die gemeinsam mit dem Behaviorismus entstandene «Tierproduktion» von ihren unerwünschten Nebenwirkungen zu befreien. Den Agrarökonomen ergeht es im Prinzip wie Goethes Zauberlehrling: «Die ich rief, die Geister werd ich nun nicht los.» Sicher sollte man dieses Bild nicht überstrapazieren, aber möglicherweise kommt der Verhaltensbiologie die Rolle des Hexenmeisters zu, der in der Lage sein könnte, zumindest den sozioökonomischen Spuk zu beenden. Denn der beruht größtenteils auf Verdrängung und dem Nicht-wahrhaben-Wollen, dass es sich bei den Tieren in der Landwirtschaft letztlich um sehr menschenähnliche Wesen handelt.

Heute halten 95 Prozent der Deutschen Tierschutz in der Landwirtschaft für wichtig, fand eine 2015 im Auftrag der Europäischen Union durchgeführte repräsentative Befragung heraus. Etwa vier von fünf Befragten in der EU (83 Prozent der Deutschen) sind der Ansicht, dass in ihrem Land das Wohlbefinden der Tiere besser geschützt werden müsste, als dies gegenwärtig der Fall ist. In dieser Angelegenheit ist die große Mehrheit der Bevölkerung theoretisch motiviert. Nur engagiert ist sie bislang nicht. Denn auch wenn Tierschutz diesen Menschen wichtig ist, andere Dinge sind ihnen offenbar wichtiger. Das zeigt sich beispielsweise am Marktanteil von Bio-Fleisch, der auch heute noch, viele Jahre nach der Einführung dieses Marktsegments, deutlich unter vier Prozent liegt. Das heißt, mehr als 96 Prozent des Fleisches stammen gegenwärtig aus der konventionellen Landwirtschaft, also genau den Haltungsformen, bei denen die, die es verzehren, von Tierschutzdefiziten ausgehen. Berücksichtigt man, dass Vegetarier und Veganer zusammen nur etwa fünf Prozent der Bevölkerung ausmachen, resultiert aus dieser Gegenüberstellung, dass bei der Ernährung gegenwärtig die Wertvorstellungen und das Verhalten der Menschen in einem auffälligen Missverhältnis stehen.

Dieses Missverhältnis lässt sich zwar erklären, aber interessanterweise lässt es sich weder bei anderen Menschen noch in Bezug auf das eigene Verhalten akzeptieren; denn für das menschliche Gerechtigkeitsempfinden macht jede in Anspruch genommene Leistung eine angemessene Gegenleistung erforderlich. Eine Gegenleistung, die wir den Tieren bislang schuldig bleiben. Obwohl also 96 Prozent des vermarkteten Fleisches aus Haltungsformen stammt, bei denen die, die es kaufen, Tierschutzdefizite vermuten, stimmten im August 2017 in einer für Deutschland bevölkerungsrepräsentativen Studie der Universität Göttingen 94 Prozent der Befragten der Aussage zu, «wenn wir Tiere nutzen, sollten wir ihnen ein gutes Leben ermöglichen», 5 Prozent entschieden sich für «teils/teils», abgelehnt haben diese Aussage 0 Prozent. Wir stellen also nicht nur fest, dass Wertvorstellungen und Verhalten einander widersprechen, sondern beobachten überdies eine für die betroffenen Menschen unangenehme Dissonanz zwischen moralischem Urteil und *eigenem* Handeln.

Wie lässt sich die Verdrängung überwinden?

Da große Bevölkerungsteile den gegenwärtigen Umgang mit Tieren als inakzeptabel empfinden und doch die «Tierproduktion» durch ihre eigene Nachfrage weiter anfachen, ist die Selbsteinschätzung zum Fleischkonsum quer durch die Bevölkerung von selbstbetrügerischer «Dissonanzreduktion» geprägt: «Ich kaufe Fleisch nur beim Metzger, nicht das Abgepackte aus der Massentierhaltung.» Oder: «Bei uns kommt nur Fleisch aus der Region auf den Tisch;

da weiß man, was man hat.» Dieser Befund charakterisiert in etwa die Erfolgsbilanz von 200 Jahren Tierethik. Die damals vollkommen neue Botschaft der Aufklärung, dass Rücksicht zu nehmen ist, nicht allein auf Menschen, sondern auf alle «empfindungsfähigen Wesen», ist als *Theorie* nachweislich in der Breite der Gesellschaft angekommen. Das gegenwärtige Problem besteht darin, sich von der als unmoralisch erkannten *Praxis* zu lösen. Wenig zielführend ist daher jede weitere Wiederholung der Botschaft, dass der Konsum von Erzeugnissen aus der Intensivtierhaltung moralisch fragwürdig ist; denn das weiß eigentlich jeder. Was demgegenüber die Transformation des Ernährungsverhaltens unterstützen würde, sind *bislang unbekannte Fakten*, da diese eine spontane Neubewertung des Sachverhaltes im Moral- und Gerechtigkeitsempfinden auslösen können.

Einen solchen, in der Bevölkerung bislang weitgehend unbekannten Sachverhalt bildet die Abkehr der Wissenschaft vom Tierbild des Behaviorismus. Dabei ist der zentrale Aspekt, dass Tiere denken können und Gefühle erleben, weniger relevant, da dies in der Breite der Bevölkerung nie angezweifelt wurde. Wirkungsvoll könnte hingegen die Information sein, dass *die Wissenschaft* ihre Meinung zum Denken und Fühlen von Tieren in den letzten Jahrzehnten um 180 Grad gedreht hat und dass die intensive Tierhaltung (Massentierhaltung) zu einer Zeit eingeführt wurde, als *die Wissenschaft* noch davon ausging, dass Tiere nicht denken können und über ihre Emotionen keine wissenschaftlichen Aussagen getroffen werden können. Solch eine neue, das eigene Selbstverständnis berührende Information wäre grundsätzlich in der Lage, einerseits das Konsumverhalten zu beeinflussen und andererseits in Richtung einer Gesetzesänderung zu wirken. Da wir in einer Gesellschaft leben, deren Selbstverständnis darin besteht, ihr Handeln und ihre Rechtsordnung am aktuellen Stand der wissenschaftlichen Erkenntnis auszurichten (vgl. den Beitrag von Michael Quante), ist sogar mit an Sicherheit grenzender Wahrscheinlichkeit zu erwarten, dass die Rechtslage früher oder später an den wissenschaftlichen Kenntnisstand angepasst wird. Die gegenwärtige Situation entspricht im Prinzip wieder der von 1971: Das Tierschutzgesetz ist «hinsichtlich seiner wissenschaftlichen Grundlage» sehr weit entfernt vom heutigen Stand der Erkenntnisse.

Zusammenfassend lässt sich damit Folgendes sagen: Die Verhaltensforschung scheint einerseits nicht unbeteiligt an der Einführung der sogenannten «Massentierhaltung» gewesen zu sein. Andererseits können die Erkenntnisse der heutigen *Verhaltensbiologie* einen wesentlichen Beitrag zur Überwindung der Probleme leisten. Je früher diese Erkenntnisse Eingang in die politischen Entscheidungsprozesse finden, desto eher werden wir als Gesellschaft die Fehlentwicklung der landwirtschaftlichen Tierhaltung korrigieren können. Als größtes Hindernis für diese Korrektur erweisen sich die Phänomene der *Verdrängung* und des *Nicht-wahrhaben-Wollens*, dass es sich bei den landwirtschaftlich genutzten Tieren um sehr menschenähnliche Wesen handelt. In Bezug auf dieses, in der Bevölkerung weitverbreitete *psychische* Hindernis deutet sich heute schon an, dass ohne einen energischen Aufklärungsimpuls das Ziel der «Transformation der landwirtschaftlichen Tierhaltung» voraussichtlich verfehlt werden wird.

Empfohlene Literatur:

Bundestagsdrucksache 6/2559, «Entwurf eines Tierschutzgesetzes» (Gesetzentwurf der Bundesregierung mit Begründung). Bonn, 1971. Kostenloser Download von https://dserver.bundestag.de/btd/06/025/0602559.pdf

Harrison, R., Tiermaschinen. Die neuen landwirtschaftlichen Fabrikbetriebe. Biederstein, München, 1965. Die englische Originalausgabe erschien 1964 unter dem Titel *Animal Machines* im Verlag Vincent Stuart, London.

Jäger, C., Die Sache mit dem Suppenhuhn. Wie landwirtschaftliche Tierhaltung endlich allen gerecht wird. Ulmer, Stuttgart, 2018.

Luy, J., Der faire Deal. Basis eines neuen Rechtsverständnisses im Tier-, Natur- und Umweltschutz. Nomos, Baden-Baden, 2018. Kostenloser Download von www.instet.eu

Wissenschaftlicher Beirat für Agrarpolitik beim Bundesministerium für Landwirtschaft und Ernährung, Wege zu einer gesellschaftlich akzeptierten Nutztierhaltung. Berlin, 2015. Kostenloser Download von https://www.bmel.de/SharedDocs/Downloads/DE/_Ministerium/Beiraete/agrarpolitik/GutachtenNutztierhaltung.pdf?_blob=publicationFile&v=2

Dieser Beitrag ist im Forschungsprojekt «SocialLab II – Nutztierhaltung: Akzeptanz durch Innovation» entstanden. Die Förderung des laufenden Vorhabens erfolgt aus Mitteln des Bundesministeriums für Ernährung und Landwirtschaft (BMEL) aufgrund eines Beschlusses des Deutschen Bundestages. Die Projektträgerschaft erfolgt über die Bundesanstalt für Landwirtschaft und Ernährung (BLE) im Rahmen des Bundesprogrammes Nutztierhaltung. Der Beitrag gibt Forschungsergebnisse des Autors wieder und lässt keine Rückschlüsse auf die Auffassung der Förderinstitutionen zu.

VALESKA BECKER

DAS DILEMMA DES TÖTENS

Mensch und Tier in der Vorgeschichte Europas

Manchmal hilft der Blick in die Vergangenheit, die Gegenwart besser einzuordnen, um die Zukunft zu gestalten. So wird im Folgenden die Sicht des Menschen aufs Tier aus archäologischer Perspektive im Vordergrund stehen. Leitfrage ist der Umgang mit Tieren in verschiedenen Abschnitten der Vorgeschichte: Wie sahen sich Menschen in Bezug zu Tieren, was hat sich im Lauf der Zeit verändert?

Seit unseren Anfängen stehen wir mit Tieren in vielfältigen Beziehungen, und es sind immerhin zwei Millionen Jahre Menschheitsgeschichte, über die wir etwas zum Mensch-Tier-Verhältnis sagen können. Im Folgenden sollen zwei zeitliche Abschnitte genauer betrachtet werden. Zunächst wird es um Menschen und Tiere im jüngsten Abschnitt der Altsteinzeit, dem Jungpaläolithikum (ca. 40 000–10 000 vor heute), gehen, in dem erstmals der anatomisch moderne Mensch *Homo sapiens* in Mitteleuropa auftritt. In dieser Zeit haben wir es mit mobilen Jäger-Sammler-Gemeinschaften zu tun, die den großen Tierherden folgten. Außer dem Hund gab es noch keine Haustiere.

Diese Lebensweise ändert sich radikal ab etwa 10 000 vor Christus mit der Neolithisierung, dem zweiten Abschnitt, der hier eine Rolle spielen wird. Nun wurden die Menschen sesshaft, domestizierten Tiere und bauten Getreide, Ölsaaten und Hülsenfrüchte an.

Es ist dies ein deutlicher Einschnitt, mit dem sich das Verhältnis zwischen Mensch und Tier drastisch verändert und mit dem sowohl Menschen als auch Tiere neue Wege gehen.

Das Jungpaläolithikum: jagen und sammeln

Die Altsteinzeit ist durch starke Klimaschwankungen mit Eiszeiten geprägt, mit Permafrost bis zu den Alpen und Warmzeiten, die ein Klima in etwa wie heute aufwiesen. Die Quellenlage, um Mensch-Tier-Beziehungen genauer zu untersuchen, ist gut: Von Hunderten Fundstellen sind uns Tierknochen überliefert. Sie belegen die Jagd auf viele verschiedene Tierarten, die ganz unterschiedlicher Strategien bedarf: Großwild, wie Mammuts, wurde gejagt, doch vor allem auch Wildpferde, Rentiere, Rothirsche und Auerochsen. Kleinere Säugetiere, zum Beispiel Hasen, fehlten nicht, ebenso wie Vögel und Fische, je nachdem, wo die eiszeitlichen Jäger*innen und Sammler*innen hinzogen.

Die gejagten Tiere stellten wichtige Ressourcen dar. So gut wie alle Teile des Tiers wurden genutzt: das Fleisch, das Fett und die inneren Organe lieferten Energie, überlebensnotwendige Proteine, Vitamine und Mineralstoffe. Knochen konnten in einer Zeit, in der Holz knapp war – in den Eiszeiten müssen wir uns Kaltsteppen ohne größeren Baumbewuchs vorstellen – wichtiges Heizmaterial darstellen. Felle und daraus hergestelltes Leder dienten als Ausgangsmaterialien für Kleidung, Zeltbahnen oder andere Teile von Behausungen und lieferten so Wärme und Schutz vor den Elementen. Und schließlich waren Knochen, Zähne, Hörner und Geweih wichtiges Rohmaterial für Werkzeuge, Geräte, Waffen und Schmuck.

Tiere hatten jedoch im Leben der eiszeitlichen Menschen eine Bedeutung, die über den reinen Nutzen hinausging. Darauf weisen

Malereien in Höhlen und auch Tierfiguren hin, die in ganz Europa und bis nach Russland hinein verbreitet sind. Sie sind von einer bemerkenswerten Ausdruckskraft und zeugen mit ihrer feinen Ausarbeitung von einem tiefen Sinn für Ästhetik und Wissen um die Tierwelt.

Besonders bekannt sind sicherlich die Tausenden Tierbilder in den Höhlen Frankreichs, Spaniens und Italiens. Die Tiere sind in Rot, Schwarz, Gelb, Braun und Orange auf die Höhlenwände gemalt. Dabei wurde die innere Topografie der Höhlen miteinbezogen, sodass Körper, Gliedmaßen und Köpfe plastisch hervortreten. Auch geritzte und aus Höhlenlehm modellierte Tierbilder sind überliefert. Ihre Herstellung war nur mit großem physischem Aufwand und einem ausgeprägten Sinn für Kompositionen möglich und erforderte gute Materialkenntnis und effektive Geräte. Zu finden sind die Bilder nicht nur in den Tiefen von Höhlen, sondern auch an Felswänden im Freiland und auf Lagerplätzen; oft sind sie hier jedoch nicht so gut erhalten. Neben den großformatigen Höhlenmalereien sind Tierfiguren auch aus Elfenbein, Zahn, Knochen, Geweih und Stein gefertigt worden.

Auffällig ist, dass die Tiere meist in Ruhe oder ruhiger Bewegung abgebildet sind. Aggressives Verhalten ist kaum je dargestellt, auch nicht bei Raubtieren; so gibt es keine Szenen, in denen etwa Löwen Tiere reißen oder Menschen bedrohen.

Das Spektrum der Tierarten umfasst vor allem Jagdbeute, aber auch Tiere, die ausweislich der gefundenen Knochen weniger häufig gejagt wurden, zum Beispiel Nashörner, Bären oder Löwen. Daneben finden sich auch Bilder kleinerer Tiere: Vögel, Fische, Insekten und Kleinsäuger. Menschen sind in all dem selten abgebildet, und Bilder von Pflanzen oder Landschaften fehlen ganz.

Tierbilder in der Altsteinzeit: Was könnten sie bedeuten?

Die Bedeutung der Bilder ist seit Langem Gegenstand von Diskussionen und bis heute nicht abschließend geklärt. Zu bedenken ist in jedem Fall, dass sie über einen Zeitraum von 30000 Jahren angefertigt wurden; eine Interpretation, die allen Möglichkeiten gerecht wird, ist daher sicher nicht zu finden.

Eine dieser Möglichkeiten ist, dass die Bilder aus rein ästhetischen Gründen angebracht wurden, vielleicht auch aus Schöpferfreude. Für viele Zeichnungen kann das durchaus ein Grund sein, wenngleich nicht der einzige.

Nachdem vor allem große Pflanzenfresser abgebildet wurden, die zugleich oft wünschenswerte Nahrungsquelle waren, mag es auch möglich erscheinen, dass sich mit den Tierbildern Gedanken an Jagdmagie verbinden lassen. In den Darstellungen könnte sich der Wunsch manifestieren, dass es viel Wild geben möge, dass die Jagd erfolgreich verläuft und ausreichend Nahrung zur Verfügung steht. Die eigentliche Tötung der Tiere wird allerdings selten gezeigt.

Eine Auffälligkeit der Bilder ist, dass manche Tierarten gar nicht dargestellt sind und Menschenbilder auch fast vollständig fehlen. Es scheint also, als ob die Darstellung der realen Umwelt nicht das Ziel war und die Tierbilder eher als Zeichen oder Symbole zu lesen seien. In diesem Sinne würden sie für einzelne Personen oder Gruppen stehen, die sich mit ihnen identifizieren. Kompositionen von mehreren Tieren könnten dann die Anwesenheit verschiedener Gruppen, ihre Kontakte, aber auch Feindschaften oder Dominanz einer Gruppe über eine andere ausdrücken. Hierzu passt die Beobachtung, dass sich oft Kombinationen bestimmter Tierarten beobachten lassen, die anderen Tierarten gegenüberstehen. Zum Beispiel sind auf der einen Seite vor allem Pferde,

Steinböcke, Rotwild und Rentiere gemeinsam abgebildet, auf der anderen Seite Bisons und Auerochsen. Es ist fraglich, was diese Binarität zu bedeuten hat und ob hier fundamentale Prinzipien des Lebens – Tag und Nacht, Jugend und Alter, Leben und Tod – durch Tiergruppen symbolisiert werden.

In jedem Fall ist wohl wichtig, nicht nur das einzelne Tierbild zu betrachten, sondern die Tierdarstellungen eines Fundortes in ihrer Gesamtheit und in Bezug auf ihre Position in der Höhle. Es zeigt sich, dass im Eingangsbereich von Höhlen häufiger eingeritzte Tierbilder und Tierskulpturen auftreten, während tief im Inneren eine viel größere Varianz an Figuren, Zeichen und Gemälden auftritt. Die Eingangsbereiche von Höhlen wurden im alltäglichen Leben genutzt, aber weiter innen war es oft nicht möglich, sich länger aufzuhalten: Dunkelheit und vor allem die rasch schlechter werdende Luft machten solche Orte zu besonderen Plätzen, vergleichbar mit unterirdischen Heiligtümern. Daraus könnte man schließen, dass an diesen ungewöhnlichen Plätzen, die normalerweise nicht aufgesucht wurden, auch keine Lebendszenen aus dem gewöhnlichen Alltag abgebildet wurden, sondern mythische Darstellungen, welche die Menschen den Tieren als in Größe und Menge unterlegen zeigten.

Für die Bilder, die in den tiefsten Teilen von Höhlen angebracht sind, lässt sich auch vermuten, dass sie vielleicht wiedergeben, was Menschen in Trancezuständen gesehen und erlebt haben. In vielen heutigen Gesellschaften, die jägerisch leben, spielen Geistertiere eine große Rolle, die besondere Personen innerhalb der Gruppe auf Traumreisen begleiten und schützen. Höhlen könnten als Zugänge zu Anderswelten verstanden worden sein, ihre Wände als Schleier und Membranen zwischen dem Hier und Dort; anschließend fixierten die Reisenden ihre Visionen auf den Höhlenwänden, um anderen davon zu berichten.

Ohne Zweifel wohnt den Bildern auch das Wissen der Menschen ihrer Zeit inne. In diesem Sinne können sie als Lehrbücher über das Zusammenleben mit Tieren, die Traditionen im Umgang mit ihnen und der Gruppe sowie die Umwelt und ihre Veränderungen verstanden werden. Bei genauer Betrachtung zeigt sich, wie detailliert manches festgehalten wurde: anatomische Details, Jahreszeiten, die sich an Fell und Geweihbildung ablesen lassen, und natürlich die jeweilige lokale Geografie mit ihrer Fauna. Neue Untersuchungen belegen, dass die Bilder von vielen verschiedenen Individuen in verschiedenen Altersstufen (Männer, Frauen, Kinder) gefertigt wurden, was sich an Handabdrücken zwischen den Tierbildern ablesen lässt.

Menschen und andere Tiere

Wie auch immer die Tierbilder der Altsteinzeit zu lesen sind: Eines scheint klar, und zwar, dass die Grenze zwischen Mensch und Tier sicher nicht so streng gezogen war, wie es heute noch teilweise der Fall ist. Stattdessen mochten die Grenzen aufgehoben oder zumindest fließend gewesen sein. Darauf deuten Bilder von Mensch-Tier-Mischwesen hin, die vielleicht – ähnlich wie Schamanen in heutigen und vergangenen jägerisch lebenden Gesellschaften – Vermittler zwischen den Welten darstellen: Menschen, die Kleidung aus Tierteilen tragen und so selbst Eigenschaften der Tiere annehmen, rituelle Handlungen durchführten, heilen konnten und von Tieren als Gefährten und Beschützern auf ihren Reisen begleitet wurden.

Dass die altsteinzeitlichen Bilder von Menschen, die Tierattribute tragen, reale Entsprechungen gehabt haben mögen, darauf weisen einige Gräber hin, in denen Personen mit außergewöhnlichen Beigaben bestattet wurden, zum Beispiel mit Zähnen, Geweihen und Knochen verschiedener Tiere, mit Muschelschalen und Schildkrötenpanzern; manche dieser Individuen wiesen auch körperliche Besonderheiten auf. Ein Beispiel ist die sogenannte Schamanin von Bad Dürrenberg in Sachsen-Anhalt. Die 25–30 Jahre alte Frau hatte eine angeborene Fehlbildung am ersten Halswirbel und verengte Blutgefäße im unteren Schädelbereich; durch abrupte Kopfbewegungen konnte sie vielleicht absichtlich eine Ohnmacht herbeiführen, was sie zu einer besonderen Person in ihrer Gruppe machte. Sie wurde aufrecht sitzend in einer Rötelschicht und mit Schmuck aus Tierzähnen sowie über hundert weiteren Tierknochen begraben. Solche Gräber und entsprechende Abbildungen legen nahe, dass es vielleicht die Vorstellung gab, dass die Grenze zwischen Mensch und Tier nicht fest gezogen war und von beiden Seiten aus überquert werden konnte: Menschen konnten durch Rituale, Trance und besondere Tierteile wie Fell, Geweih und Zähne selbst für eine Weile zu einem Tier werden und seine besonderen Fähigkeiten nutzen. Umgekehrt mochte es Eigenschaften bei Tieren geben, die den eiszeitlichen Jäger*innen und Sammler*innen als menschlich erschienen und die Grenzen zwischen Mensch und Tier verwischten.

Aus dieser Fluidität jedoch können große innere Konflikte entstehen. Denn einerseits waren die Menschen auf Tiere und auf tierliche Ressourcen angewiesen. Wenn aber nun andererseits keine großen Unterschiede zwischen Tieren und Menschen bestünden – wie kann dann das Töten der Tiere gerechtfertigt werden?

Natürlich können wir nicht in die Köpfe der eiszeitlichen Jäger*innen blicken. Bei heute lebenden Jäger-Sammler-Gesellschaften ist jedoch oft ein Unbehagen am Töten zu beobachten; für sie ähnelt das Töten eines Tiers einem Mord. Daher müssen Entschuldigungen gefunden werden, warum Tiere dennoch getötet werden dürfen, zum Beispiel, dass das Tier in der Seele derjenigen, die es essen, weiterlebe; dass Jäger*innen nicht für sich allein, sondern für die Gemeinschaft töten; oder dass das Tier sich freiwillig in die Gewalt der Jäger*innen begibt und sich opfert, oft unter dem Einfluss äußerer Kräfte wie Tiergeistern, Herren und Herrinnen der Tiere oder anderen numinosen Wesen.

Aus dieser Freiwilligkeit ergibt sich für die Jäger*innen umgekehrt die Pflicht, das Tier und seinen toten Körper mit Respekt zu behandeln, da es sich ansonsten in Zukunft nicht mehr jagen lassen wird. Bestimmte Riten vor, während und nach der Jagd – zum Beispiel Gebete, Tänze und Feiern für das getötete Tier oder auch die besondere Behandlung mancher Körperteile wie dem Schädel, dem Geweih, den Hörnern oder den Beinen – dienen dazu, diesen Respekt auszudrücken. Außerdem sind gewisse Handlungen verpönt, etwa die «schlechte» Tötung, bei der ein Tier lange leiden muss, ein respektloser Umgang mit dem Kadaver, Verschwendung oder Hunden zu erlauben, ohne Kontrolle am toten Tier zu fressen. Wenn sich das Tier willig in die Hand der Jäger*innen gibt, folgt aus seiner Tötung kein Prestige. Die erfolgreiche Jagd ist in diesem Fall keine persönliche Leistung.

Wir wissen nicht, ob die Jäger*innen der Altsteinzeit ähnliche Vorstellungen hatten. Es liegt jedoch nahe, wenn wir uns noch einmal vor Augen führen, wie sie lebten. Vieles drehte sich in ihrem alltäglichen Leben um das Jagen, Töten und Zerlegen von Tieren. Zusätzlich begleiteten Bilder von Tieren die Menschen auf der Jagd, zierten ihre Kleidung, Waffen und Geräte.

Gefahr lag im Fernbleiben der Tiere, die für das Überleben der Gruppe unentbehrlich waren; gefährlich konnte es aber auch sein, sich ihnen in der Jagd zu nähern. Und so zeigen die Tierbilder eine ausgeprägte Beobachtungsgabe und eine exzellente Kenntnis der

Tiere. Oft ist es möglich, neben der Tierart und dem Geschlecht auch typische Verhaltensweisen zu erkennen. Die Bilder spiegeln eine Bandbreite wider, die von religiösem Empfinden bis zu nahezu wissenschaftlichem Interesse reicht. Sie machen engste Verbindungen zwischen Menschen und Tieren sichtbar und legen nahe, dass sich Menschen als Teil der lebendigen Tierwelt um sich herum sahen. Dieses Verständnis sollte sich radikal und grundlegend ab dem 10. Jahrtausend vor Christus ändern.

Die «neolithische Revolution»

Nach dem Ende der letzten Eiszeit wandelte sich das Klima noch einmal: Es wurde wärmer, und es gab ausreichend Niederschläge, um das Wachstum und die Ausbreitung vieler Pflanzenarten zu begünstigen. In einem Gebiet, das Teile des heutigen Syriens, Israels, Palästinas, der Türkei und des Iraks umfasst, herrschten besonders günstige Bedingungen. Die Wildvorfahren vieler unserer Haustiere – Mufflons und Bezoarziegen, Auerochsen und Wildschweine – lebten hier an den Ausläufern des Zagros-Gebirges und in den Tälern von Euphrat und Tigris, und wilder Emmer und Einkorn wuchsen üppig. Die Menschen konnten es sich leisten, länger an einem Platz zu bleiben. Es war nicht mehr unbedingt nötig, den großen Tierherden hinterherzuziehen, denn durch das Sammeln und das gezielte Aussäen von Getreide und auch Hülsenfrüchten konnte ein Großteil des Energiebedarfs gedeckt werden. Die Pflege der Felder setzte aber Sesshaftigkeit voraus, die wiederum die Möglichkeit bot, Besitz anzuhäufen, etwas, was den stets mobil lebenden Jäger*innen und Sammler*innen der Altsteinzeit nur in begrenztem Maße möglich war. Die nun langsam beginnende Domestikation von Schaf, Ziege, Schwein und Rind ab dem 9. und

8. Jahrtausend vor Christus trug dazu bei, diesen Wunsch nach Besitz zu befriedigen und die stete Versorgung mit Fleisch und anderen tierlichen Rohstoffen zu sichern.

Körper und Geist – Veränderungen am Tier während der Domestikation

Im Zuge der Domestikation veränderten sich die Tiere nach und nach, bis Haus- und Wildtier sich deutlich voneinander unterschieden. Einige dieser Veränderungen können auch an prähistorischen Funden nachgewiesen werden. Ganz klar ist zum Beispiel erkennbar, dass sich bereits nach wenigen Tiergenerationen im Zuge der Haustierwerdung der Hirn- und der Gesichtsschädel verkleinerten. Ein Grund hierfür dürfte sein, dass für Wildtiere so überlebenswichtige Sinnesorgane wie Gehör oder Geruchssinn beim Haustier weniger stark ausgeprägt sind. Die dafür benötigten Hirnareale können also verkleinert werden, um so Energie zu sparen.

Auch die Körpergröße nahm im Zuge der Domestikation ab. Tatsächlich wurden die Haustiere im Lauf der Vorgeschichte immer kleiner; bei Rindern sank die Widerristhöhe von 1,6–1,8 Metern bei Auerochsen auf 1,1–1,2 Metern bei Hausrindern des Mittelalters ab. Erst ab dem 19. Jahrhundert kehrte sich der Trend zur Verkleinerung langsam wieder um. Die Gründe für die fortlaufende Verkleinerung sind vielfältig. Zum einen war vermutlich Nahrung nicht immer ausreichend vorhanden und auf die Bedürfnisse der Tiere zugeschnitten, sodass sie nicht so groß werden konnten, wie es bei optimaler Versorgung möglich gewesen wäre. Zum anderen wählte man aber vielleicht auch absichtlich eher kleinere Tiere zur Fortpflanzung und Weiterzüchtung aus, weil sie einfacher im Umgang und unauffälliger im Verhalten waren als ihre größeren Artgenossen.

Schon nach kurzer Zeit kam es außerdem zu einer erhöhten Varianz, die sich in vielerlei Hinsicht manifestierte. So veränderte sich zum Beispiel bei Ziegen und Schafen die Form der Hörner bis hin zur Hornlosigkeit. Das Haarkleid konnte sich wandeln – man denke an Schafe, die erst durch die Domestikation ihre dicke Wolle bekommen haben, aber auch an Hunde oder Katzen mit dem nun auftretenden Glatt-, Rau-, Well-, Draht- oder Lockenhaar, ganz zu schweigen von neuen Farbvarianten. Die Körperproportionen veränderten sich hin zu besonders lang- oder kurzbeinigen Tieren, und vor allem bei Hunden und Schweinen traten Ringelschwänze auf.

Bei Haustieren tritt die Geschlechtsreife früher ein, und auch die Fruchtbarkeit ist gesteigert. Das wird zum Beispiel bei Hühnern deutlich: Die Wildform legt meist zwei Mal im Jahr etwa sechs Eier, unsere Haushühner legen nahezu täglich ein Ei. Auch die Milchleistung von Hausrindern ist erhöht, und die Anzahl der Nachkommen bei Hausschweinen liegt deutlich über der von Wildschweinen.

Schließlich war unabdingbar, dass sich im Zug der Domestikation auch das Verhalten der Tiere ändern musste. Menschen mussten sich ja den Tieren nähern können, deswegen musste die Fluchtdistanz gesenkt werden, und so wählte man sicherlich friedlichere Tiere für die Zucht aus.

Der Umgang mit dem Haustier

Mit den domestizierten Tieren waren nun Lieferanten von Primärprodukten wie Fleisch, Fett, Organen, Knochen und Leder vorhanden. Ihre Haltung bedeutete mehr Arbeit, dafür versprach sie konstant verfügbare Ressourcen. Umso erstaunlicher ist, dass

Analysen zur Ernährung der neolithischen Menschen zeigen, dass sie nicht besonders viel Fleisch aßen, sondern sich eher von Getreide und Hülsenfrüchten ernährten. Fleisch kam seltener auf den Tisch, wohl wegen des Aufwandes, den es bedeutete, Tiere großzuziehen und sich auch mit Rückschlägen wie Krankheiten auseinandersetzen zu müssen. Hinzu kam allmählich die Erkenntnis, dass von Tieren auch solche Ressourcen zu gewinnen waren, für die man das Tier nicht töten musste: Milch, Wolle, Eier, aber auch Arbeitskraft. So verschob sich wohl nach und nach der Blick vom getöteten auf das lebende Tier und seine Nachkommen. Mithilfe von Tierherden konnte man Besitz anhäufen, sodass sich soziale Unterschiede vertieften. Der Verzehr von Fleisch war oft mit besonderen Anlässen verbunden wie Feiern, Festen oder politischen Zusammenkünften und damit Zeichen, dass man sich den Tod des Tiers leisten und einen Teil des Besitzes opfern konnte.

Die Tierbilder dieser Zeit erreichen lange nicht mehr die Qualität und Naturnähe wie in der Altsteinzeit. Sie sind stark abstrahiert und miniaturisiert und verraten den Blick der Menschen aufs Tier: Als Besitz hatte es gewissen Wert, andererseits aber war es dem Menschen ausgeliefert. Es entstand somit eine Hierarchie, und wir können davon ausgehen, dass sich in dieser Zeit eine Abgrenzung des Menschen vom Tier etablierte.

Die Grenze zwischen Mensch und Tier

Für spätere Zeiten kommen schließlich Schriftquellen auf, die diese Sichtweise belegen. In der griechischen Antike äußerte sich zum Beispiel Aristoteles zum Verhältnis von Menschen und Tieren. Tieren sprach er Vernunft, Sprachvermögen und teils auch Moral und Rechtsfähigkeit ab. Bei Platon lesen wir, dass Tiere kognitiv und moralisch defizitäre Menschen seien, und die Philosophie der Stoa sieht Tiere als impulsgesteuerte, vernunftlose Lebewesen. Nur wenige Gegenstimmen zu diesem Bild der Tiere finden sich in der klassischen Antike. Sie können sich nicht durchsetzen.

Da das Christentum in vielerlei Hinsicht Anleihen in der antiken Philosophie nimmt, verwundert es nicht, dass sich eine Sicht entwickelte, in der das Tier dem Menschen untertan ist. Die Ansicht, dass Tiere zum Gebrauch geschaffen seien, findet sich bei Augustinus, und generell bestand die Vorstellung, dass der Mensch Gott diene und die Welt – und damit auch die Tierwelt – dem Menschen. Tiere wurden weiterhin als unvernünftige Lebewesen ohne Anteil am göttlichen Logos betrachtet und hatten keinen intrinsischen Wert (vgl. den Beitrag von Rainer Hagencord).

Damit ist die Grenze zwischen Menschen und Tieren nun deutlich und scharf. Sie kann auch von Menschen nicht ohne Weiteres überwunden werden: Allein Göttinnen und Göttern ist es gestattet, in eine Tiergestalt zu wechseln. Die griechischen Mythen sind voll von solchen Verwandlungen; man denke etwa an Zeus, der Schwan oder Stier werden konnte, um sich auf diese Weise Frauen zu nähern, aber auch an die nordischen Sagas, in denen Göttinnen und Götter in Tiergestalt wechseln können. Mischwesen wie Sphingen und Zentauren haben ebenfalls einen göttlichen oder halbgöttlichen Charakter.

Für Menschen jedoch bedeutete es meist eine Strafe, in ein Tier verwandelt zu werden. Auch dies zeigt sich in vielen Mythen, zum Beispiel beim Minotauros, einem Mischwesen, das aus der unseligen Liebe der Königin Pasiphae, der Frau von König Minos, zu einem Stier hervorging, oder der begabten Weberin Arachne, die ihre Kunst besser beherrschte als die Göttin Athena und zur Strafe in eine Spinne verwandelt wurde. Eindrücklich ist auch die Sage des Jägers Aktaion, der auf der Jagd die nackte Göttin Artemis beim Baden überrascht und zur Strafe in einen Hirsch verwandelt wird, sodass ihn seine eigenen Hunde zerreißen.

Tierleid und Tiertod

Durch die Etablierung der Grenze zwischen Mensch und Tier spätestens ab der Jungsteinzeit war das Dilemma des Tötens von Tieren weitgehend aufgehoben. Tiere konnten beliebig von Menschen ge- und benutzt werden, was sich an ihren Überresten zeigt. An Haustieren sind Zahnleiden (Karies, Abszesse, Infektionen) durch unzureichende oder ungeeignete Fütterung ebenso belegt wie Pathologien, die durch Überlastung entstanden (Arthrose, Entzündungen, Frakturen, Blockwirbelbildung etc.). Auch Gewalt gegen Tiere ist belegt.

Interessanterweise ist die Jagd nach wie vor von großer, vor allem symbolischer Bedeutung, und dies, obwohl ja nun Haustiere zur Verfügung stehen. Letztere waren Hauptfleischquelle, bei der Jagd ging es also meist nicht vorrangig um Fleischgewinn. Stattdessen war es die Auseinandersetzung mit dem Anderen, Nichtmenschlichen, dem Gefährlichen und Trickreichen, die nun im Vordergrund stand. Wildtiere repräsentierten die Regionen außerhalb des bewohnten Lebensraumes – zum Beispiel das Wildschwein oder der Hirsch den Wald und die Sümpfe; die Vögel die Luft; und Fische oder Biber das Wasser –, die Wildnis und Natur, der man mit Furcht und Verachtung, aber auch mit Bewunderung begegnete. In der Jagd äußerte sich der Wunsch nach Kontrolle über die Wildnis, ihrer Zähmung. Infolge der zunehmenden Bedeutung der Jagd für die Eliten verband sich mit dieser gefährlichen, risikoreichen Tätigkeit das Bild eines starken Herrschers als Garant der inneren und äußeren Sicherheit gegen den Feind.

Ein Blick zurück und ein Blick nach vorne

Die längste Zeit in der Menschheitsgeschichte waren wir Tier unter Tieren und haben das auch so gesehen. Eine echte Grenze gab es nicht, wir lebten von und mit Tieren. Das Töten eines Tiers war keine leichtfertige Handlung und erforderte Riten, um den Tod zu rechtfertigen und zu sühnen. In der Altsteinzeit verfügten wir über umfangreiches Wissen über Tiere, ihr Verhalten und ihre Lebensweise.

Seit etwa zehntausend Jahren leben wir nun mit Haus- und Nutztieren, die wir zu unserem Eigentum und Besitz gemacht haben und die uns als lebende und getötete Ressource zur Verfügung stehen. Genau deswegen waren sie vor allem in den Anfängen der Domestikation kostbar, wenngleich nicht aufgrund ihres intrinsischen Wertes. Für weite Teile der Bevölkerung gab es nur selten Fleisch; es war teuer.

Durch die Domestikation hatten sich Körper und Geist der Tiere deutlich verändert. Die Grenze zwischen ihnen und den Menschen war deutlich, vielleicht auch, damit man sich von dem, was man zum Töten aufzieht, distanzieren konnte. Nur in der Jagd äußert sich noch die Auseinandersetzung mit dem «anderen» Tier.

Heute bröckelt die Mensch-Tier-Grenze aufs Neue und in einer erweiterten Perspektive: Immer neue Erkenntnisse werden zu Fähigkeiten, Gefühlen und Ausdrucksweisen von Tieren gewonnen; das vorliegende Buch ist Zeugnis davon. Eine Rückkehr zu altsteinzeitlichen Verhältnissen ist sicher nicht wünschenswert, was die Ernährung betrifft. Hoher Fleischkonsum ist in vielerlei Hinsicht problematisch und nicht zuletzt sind wir längst viel zu viele, um uns so zu ernähren wie die altsteinzeitlichen Jäger*innen und Sammler*innen. Vielleicht aber gelingt uns eine Rückkehr zur damaligen Sicht auf die anderen Tiere und ein bewussterer, achtsamerer Umgang mit ihnen.

Empfohlene Literatur:

Becker, V., Auf den Schultern von Riesen. Zum Umgang mit Tieren aus Sicht der Ur- und Frühgeschichte. Eine archäologische Perspektive. In: Horstmann, S. (Hg.), Interspezies Lernen. Grundlinien interdisziplinärer Tierschutz- und Tierrechtsbildung. Human-Animal Studies 27; Transcript Verlag, Bielefeld 2021, 29–60.

Becker, V., Geliebtes und gehasstes Tier. Historische Aspekte der Heimtierhaltung; *TIERethik* 11,18, 2019, 1, 62–85.

Benecke, N., Der Mensch und seine Haustiere. Die Geschichte einer jahrtausendealten Beziehung. Konrad Theiss Verlag, Stuttgart, 1994.

Lawson, A. J., Painted Caves. Palaeolithic Rock Art in Western Europe; Oxford University Press, 2012.

Russell, N., Social Zooarchaeology. Humans and Animals in Prehistory. Cambridge University Press, New York, 2012.

Zeuner, F. E., Geschichte der Haustiere. Bayerischer Landwirtschaftsverlag, München, 1967.

MICHAEL MIERSCH

BÖSER KNAUTSCHKE, COOLER WOLF

Der Wandel unseres Tierbildes in der populären Kultur

In Filmen und populären Texten spielen Wildtiere heute eine völlig andere Rolle als Mitte des 20. Jahrhunderts: Aus bedrohlichen Bestien wurden bedrohte Verwandte. Dieser Perspektivwechsel ist eine Folge sozialen und kulturellen Wandels, hat aber auch mit den Erkenntnissen der Verhaltensforschung zu tun.

«Achtung böse!», stand auf einem Warnschild über dem Becken des prominenten Nilpferdes «Knautschke», das im Berliner Zoo der Nachkriegszeit der Publikumsliebling war. Damals fand offenbar niemand etwas dabei, ein Tier «böse» zu nennen. Wölfe trugen das Adjektiv «böse» fast schon als Beinamen. Bei den Gebrüdern Grimm, Walt Disney und vielen anderen Autoren war der «böse Wolf» ein klassischer Kinderschreck.

2020 wollte die Deutsche Wildtier Stiftung wissen, wie die Bürger es beurteilen, dass hierzulande wieder Wölfe leben, und beauftragte das Institut für Demoskopie Allensbach mit einer repräsentativen Umfrage. Weniger als ein Viertel der Befragten waren der Ansicht, Wölfe sollten an ihrer Ausbreitung gehindert werden. Die große Mehrheit fand es gut, dass die einst in Deutschland ausgerottete Raubtierart zurückkehrt. Begleitend führte die Stiftung eine Straßenumfrage in Berlin durch, bei der alle zufällig

Angesprochenen beteuerten, Wölfe seien willkommen. Ein junger Mann befand, sie seien «die coolsten Tiere».

Wildtiere, auch potenziell gefährliche, werden nicht mehr als Bedrohung wahrgenommen, sondern als Teil einer empfindlichen Natur, die erhalten und geschützt werden sollte. Diese Sichtweise ist neu. Heutige Europäer betrachten wilde Tiere völlig anders als ihre Vorfahren es taten. Bis weit ins 20. Jahrhundert hinein wurden Wölfe als Schädlinge verfolgt, die es möglichst vollständig auszumerzen galt.

Seit der Antike teilten die Menschen Wildtiere in zwei Kategorien ein. Die Schädlichen: Darunter fielen alle, die Ackerfrüchte oder Vorräte fraßen, den Menschen oder ihrem Vieh gefährlich werden konnten. Und die Nützlichen: Das waren die, die man essen oder aus denen man brauchbare Dinge wie Leder, Pelze oder Öl herstellen konnte. Als schädlich betrachtete Tiere wurden systematisch verfolgt, mit dem Ziel, sie auszulöschen. Jäger erhielten Prämien von der Obrigkeit, wenn sie möglichst viele Wölfe oder Greifvögel zur Strecke brachten.

Den «nützlichen» Wildtieren erging es indessen nicht besser als den «schädlichen». Bis zur Entdeckung des Erdöls war Tieröl eine der wichtigsten Energieressourcen, der Schmier- und Brennstoff der Industriellen Revolution. Tieröl speiste die Leuchter, die die Nacht erhellten. Dafür wurden Wale in allen Meeren verfolgt und Robben zu Tausenden an den Stränden erschlagen. Pinguine und andere Seevögel fing man an ihren Brutplätzen ein und kochte in großen Kesseln ihr Fett zu Öl. Kaum jemand übte Kritik daran. Die Natur auf solche Weise zu plündern, wurde von den meisten Menschen als notwendig und völlig normal empfunden.

Jagd mit der Kamera

Nicht nur in der harten ökonomischen Realität, auch in der Populärkultur war Mitleid mit Wildtieren eine Ausnahme. Wer sich Filme aus der Frühzeit des Kinos anschaut, staunt über die Darstellung wilder Tiere. Sie wurden zumeist als gefährliche Bestien präsentiert. Heldendarsteller, wie der deutsche Filmstar Harry Piel, brachten sie mit der Peitsche zur Räson oder schossen sie tot. «Der Herr der Bestien» hieß ein erfolgreicher Film der 1920er-Jahre. Produziert von John Hagenbeck, der gleichzeitig einer der weltweit größten Tierhändler war.

Im Gegensatz zu den wilden Tieren wurden Haustiere schon in den Kindertagen des Films zumeist als Freunde der Menschen präsentiert. 1905 spielte eine Collie-Hündin in dem Film «Rescued bei Rover» einen Hund, der ein entführtes Baby rettet, und wurde damit der erste bekannte Filmhund der Kinogeschichte. In den 1920er-Jahren war ein Deutscher Schäferhund namens «Strongheart» der Star populärer Hollywood-Produktionen. Auch sogenannte «Wunderpferde» waren beliebt, allen voran «Tony», das Pferd des in Amerika und Europa verehrten Westernhelden «Tom Mix». «Tony» spielte von 1922 bis 1932 in 34 Produktionen mit. In Spielfilmen der damaligen Zeit wurden (wie auch heute noch in diesem Genre üblich) den Hunden und Pferden ein menschlicher, teilweise übermenschlicher Verstand und eine herzensgute Seele angedichtet. Sie waren Helfer, Retter und treue Diener ihrer Herren. Das Publikum lachte und weinte über ihre Taten ebenso wie über die menschlichen Heldinnen und Helden.

Während «Strongheart» und «Tony» die Herzen rührten, erfuhren wilde Tiere kaum Mitgefühl. Die ersten, die mit Filmen über die Fauna fremder Länder international zu Ruhm kamen, waren die Amerikaner Osa und Martin Johnson. In den 1920er-Jahren reiste das Abenteurerpaar durch Afrika und Asien stets mit einem Tross einheimischer Diener, die ihr Gepäck und ihre Jagdgewehre trugen. Dass die wilden Tiere nicht nur gefilmt, sondern oftmals auch totgeschossen wurden, gehörte zur reißerischen Dramaturgie der Johnson-Produktionen. Als in einem ihrer Filme ein Nashorn ins Bild kommt, lautet der Kommentar: «Afrikas Volksfeind Nummer eins!» Selbstverständlich brachte Osa das Ungetüm vor laufender Kamera zur Strecke.

Solche Filme spiegelten den kolonialen Zeitgeist, den nur wenige infrage stellten. Amerikanische oder europäische Jäger, die in Afrika und Asien auf Großtierjagd gingen, wurden als Idole gefeiert. Die Epoche der systematischen Ausrottungen, die im 18. Jahrhundert begonnen hatte, war noch nicht zu Ende. Siedler plünderten die Fauna der Kolonien, bis ganze Tierarten für immer von der Erde verschwanden. Anfang des 20. Jahrhunderts hatten europäische Farmer die Quaggas ausgerottet. Diese Unterart des Steppenzebras war vor der Ankunft der Europäer im südlichen Afrika so verbreitet wie die Bisons in Nordamerika, von denen 1902 nur noch 23 Tiere übrig waren. 1936 starb der letzte Beutelwolf in einem tasmanischen Zoo. Der österreichische Thronfolger Franz Ferdinand, der 1914 durch ein Attentat ums Leben kam, brüstete sich damit, auf seinen Jagdreisen in alle Welt 274 899 Tiere getötet zu haben. Noch Mitte des 20. Jahrhunderts war Großwildjagd in Afrika und Südasien ein besonderes Vergnügen und Statussymbol für Hochadel und Staatsmänner. Queen Elisabeth ging 1960 in Nepal auf Tigerjagd. Jozip Broz Tito, der sozialistische Diktator Jugoslawiens, gönnte sich Jagdsafaris in Afrika. Die Königin, der Staatschef und viele andere Reiche und Mächtige ließen sich dabei bereitwillig filmen und fotografieren. Stolz posierten sie mit ihrer Beute. Als ein halbes Jahrhundert später der spanische König Juan Carlos in Botswana einen Elefanten schoss, berichteten Medien in aller Welt darüber. Doch wurde die Großwildjagd nicht mehr als Abenteuer gedeutet, sondern als Schandtat.

Nicht umsonst bezeichnete man Tierfilme der damaligen Zeit als «Jagd mit der Kamera». Die Erzählung vom tapferen Draufgänger, der die exotischen Bestien ferner Länder in Notwehr tötet, blieb nicht auf die Stummfilmzeit beschränkt. Sie wurde noch viele Jahre lang im Tonfilm fortgesetzt, auch in einem neu dazugekommenen Genre: dem Taucherfilm. Der Österreicher Hans Hass war in den 1950er-Jahren noch vor dem Franzosen Jacques Cousteau ein international bekannter Unterwasserfilmer. In der zweiten Lebenshälfte entwickelte sich Hass zum passionierten Naturschützer. Doch zunächst inszenierte er seine Filme über die Lebenswelten der Tiefe als mutigen Kampf gegen Meeresungeheuer. «Da bemerkte ich», kommentierte er in einem seiner frühen Filme, «den gewundenen Leib einer giftigen Muräne, des mir am meisten verhassten Tieres, die mir wie eine Kobra entgegendroht. Sie funkelt mir mit ihren tückischen Augen entgegen. Jetzt ist es höchste Zeit. Ich bin selbst schon ganz erregt, von dem Jagderlebnis, das uns nunmehr bevorsteht.»

Zur gleichen Zeit waren auch in Kinderbüchern «böse» Wildtiere ganz normal. Über das Spitzmaulnashorn heißt es in dem bis in die 1960er-Jahre populären Sammelwerk «Das Tierreich»: «Es lauert oft im tiefen Dickicht, wirft den ahnungslosen Verfolger zu Boden und rennt ihm das furchtbare Horn durch die Rippen.» Der Leopard, so erfuhren die Kinder, verbindet «List und Tücke, Verschlagenheit und Rachsucht, Wildheit und Blutdurst, Raub- und Mordlust. Kein Wunder, dass er überall dort, wo er auftritt, ein Schrecken der Gegend ist». Noch unsympathischer wurde die Tüpfelhyäne beschrieben, ein «feiges Nachttier von hässlichem Aussehen. Die schief liegenden, unheimlich funkelnden Augen haben einen boshaften Blick. Sie ist ein höchst unangenehmes Tier».

«Die letzten Paradiese»

Gleichzeitig gab es erste Versuche, solche Zerrbilder zu korrigieren – noch zaghaft und darum bemüht, die gewohnte Sichtweise nicht völlig aufzugeben. In dem populären Buch «Vögel der Heimat», das bis Ende der 1960er-Jahre immer wieder aufgelegt wurde, hieß es im Vorwort: «Der Text vermeidet absichtlich die allzu menschliche Einteilung der Vögel in nützliche und schädliche.» Sich ganz davon zu verabschieden, wagte der Autor jedoch noch nicht. Stattdessen teilte er, bemüht um sorgfältige Klassifizierung, jeder Vogelart Minus- und Pluspunkte zu, die für Nützlichkeit und Schädlichkeit standen. Bei der Kohlmeise lag das Verhältnis bei 20 (nützlich) zu 6 (schädlich), beim Eisvogel bei 9 zu 5.

Zwar gab es in der Zeit der großen Ausrottungen auch einige kritische Stimmen, die die Plünderung der Natur anprangerten. Schriftsteller verfassten romantische Tiergeschichten, die durchaus erfolgreich waren. «Bambi» von Felix Salten ist das bekannteste Beispiel dieses Genres. Der Roman über das Heranwachsen eines Rehkitzes war 1923 ein Bestseller. Doch solche sentimentalen Anwandlungen änderten wenig am Zeitgeist. Mitleid mit Wildtieren blieb eine Ausnahme – in der Realität wie in der Populärkultur.

Erst Mitte der 1950er-Jahre kündigte sich ein Paradigmenwechsel an. Wissenschaftler begannen, Alarm zu schlagen, in Sorge über das rasante Zurückdrängen der Wildnis nicht nur in den entwickelten Industriestaaten Europas und Nordamerikas, sondern zunehmend auch in den Ländern Asiens und Afrikas, die sich gerade aus kolonialer Fremdherrschaft befreiten. Gleichzeitig erwachte ein öffentliches Interesse an Tieren, nicht zuletzt, weil die Verhaltensforschung an den Universitäten einen Aufschwung erlebte. Man erinnerte sich an die Versuche des Psychologen Wolfgang Köhler, der bereits im Kaiserreich die erstaunlichen mentalen

Fähigkeiten von Schimpansen beschrieben hatte, was jedoch in der Hochzeit des Behaviorismus ignoriert worden war (vgl. den Beitrag von Norbert Sachser).

In den 1950er- und frühen 1960er-Jahren lebten immer mehr Menschen in Städten, fern von den landwirtschaftlichen Nutztieren und Wildtieren. Auf den Märkten wurden kaum noch lebende Tiere angeboten. Man kaufte Fleisch, Milch und Eier im Supermarkt. Das Absterben der traditionellen Agrargesellschaft und das moderne Leben zwischen Wohnblocks, Straßen und Büros führten zu einer Gegenbewegung. Das kulturelle Interesse an der Natur nahm zu. Tiergeschichten lagen in den Schaufenstern der Buchläden. Illustrierte Magazine bedienten den Zeitgeschmack ebenso wie Filme über «Die letzten Paradiese» (so der Titel eines erfolgreichen Naturfilms der 1960er-Jahre). Städter strömten in die zoologischen Gärten. Ab den frühen 1970er-Jahren registrierten Tier- und Artenschutzorganisationen deutlich mehr Zulauf. Die ersten Touristen unternahmen Flugreisen, um in fernen Ländern wilde Tiere zu sehen, was zunächst noch den Reichen vorbehalten war.

Von Dominanz zu Mutualismus

David Fulton und andere amerikanische Wissenschaftler, die die Mensch-Tier-Beziehung erforschen, entwickelten gegen Ende des 20. Jahrhunderts eine Typisierung der alten und der neuen Einstellung zu wilden Tieren. Die alte nannten sie «Dominanz». In dieser Denkweise sind Wildtiere allein zum Nutzen des Menschen auf der Welt. Er kann über sie verfügen und sie jederzeit eliminieren, wenn sie seinen Besitz gefährden. Die neue Einstellung nannten sie «Mutualismus». Menschen, die mutualistisch empfinden, betrachten die Wildtiere eher als gleichberechtigte Wesen, mit denen man friedlich koexistieren sollte. Sozialwissenschaftliche Untersuchungen belegen, dass mit zunehmendem Wohlstand, wachsender Urbanisierung und steigender Bildung die mutualistische Sichtweise vorherrschend wird. Michael Manfredo von der Colorado State University konnte für die Vereinigten Staaten nachweisen, dass Einstellungen und Wertorientierungen sich in jüngster Vergangenheit zugunsten des Mutualismus verschoben haben.

Die Veränderung der Lebenswelten in den entwickelten Industrieländern und die damit verbundene neue Sehnsucht nach einem Rest wilder Natur führte zu einem vollständigen Perspektivwechsel in den Erzählungen der Populärkultur. In Büchern, Filmen und anderen Medien waren die Wildtiere nur noch selten bedrohlich. Stattdessen wurde ihre Bedrohung durch den Menschen das große, und bis heute vorherrschende, Thema. Ein Wendepunkt zu diesem Paradigmenwechsels war der international erfolgreiche Film «Serengeti darf nicht sterben», der 1959 in die Kinos kam. Der Frankfurter Zoodirektor Bernhard Grzimek und sein Sohn Michael (der bei den Dreharbeiten tödlich verunglückte) prangerten darin eine Entscheidung des jungen Staates Tanganjika (später Tansania) an, der als Übergang zwischen britischer Kolonialherrschaft und Unabhängigkeit als Treuhandgebiet der Vereinten Nationen verwaltet wurde. Ein Teil der Savannenlandschaft «Serengeti» sollte ihren Naturschutzstatus verlieren, zugunsten von Hirten, die dort ihr Vieh weiden lassen wollten. Der Film – ein flammendes Plädoyer für den Erhalt der Wildtiere und ihrer Lebensräume – wurde ein internationaler Kassenschlager. Als erste deutsche Produktion erhielt er in Hollywood einen «Oscar». Das Buch zum Film wurde in zwanzig Sprachen übersetzt und erreichte allein in Deutschland eine Auflage von 835 000 Exemplaren. Grzimeks Sendung «Ein Platz für Tiere» lief ab 1956 in 175 Folgen fast drei Jahrzehnte lang im Ersten Programm des deutschen Fernsehens und schaffte Einschaltquoten von 70 Prozent.

Sympathie für wilde Tiere

Wenige Jahre nach dieser Pionierleistung wurde es allgemein üblich, wilde Tiere in Filmen und populären Büchern als bedroht darzustellen. Die Zeit des technischen Machbarkeitsglaubens ging zu Ende. Die Überzeugung, dass alles möglich sei und alles immer besser würde, verblasste. Statt Mondreisen, Atomenergie und Überschallflugzeugen standen bald Umweltverschmutzung und Naturausbeutung im Mittelpunkt des Publikumsinteresses. Der Mensch wurde nun häufig als Plage des Planeten dargestellt. Tierwelt und Natur dagegen erschienen als eine ideale Gegenwelt des Friedens und der Harmonie. «Mit meinen Filmen will ich die Gesellschaft verändern», sagte der Meeresforscher und Unterwassernaturfilmer Jacques Cousteau, «damit künftige Generationen nicht darunter leiden müssen, was wir heute anrichten.»

In den 1950er-Jahren stellten amerikanische Wissenschaftler bei den ersten zu Forschungs- und Schauzwecken gefangenen Delfinen verblüffende kognitive Leistungen fest. Eine Erkenntnis, die die Unterhaltungsindustrie umgehend vermarktete. Ab 1964 produzierte der US-Sender NBC 88 Folgen der Fernsehserie «Flipper» über einen klugen und freundlichen Delfin. Erstmals war es kein Hund und kein Pferd, sondern ein Wildtier, welches als Freund und Helfer der Menschen inszeniert wurde.

1971 erschien Jane Goodalls Buch «In the Shadow of Man», in dem sie ihre Verhaltensbeobachtungen an einer Gruppe wilder Schimpansen beschrieb. Sie schildert das Sozialleben der Menschenaffen als friedlich und voller Fürsorge (was sie in späteren Büchern relativierte). Der Erfolg des Buches und insbesondere des von National Geographic schon 1965 produzierten Films «Miss Goodall and the Wild Chimpanzees» führte zu einer Welle von weiteren populären Büchern und Filmen, die einem breiten

Publikum das Leben wilder Tiere näherbrachte. Als 1973 die Verhaltensforscher Nikolaas Tinbergen, Karl von Frisch und Konrad Lorenz einen Nobelpreis erhielten, war die Überzeugung, dass auch Wildtiere respektiert und geschützt werden sollten, bereits weitverbreitet.

Wie dies seither zur vorherrschenden Sichtweise wurde, zeigen die regelmäßig durchgeführten Studien zum Naturbewusstsein der Bevölkerung, die das Bundesumweltministerium durchführen lässt. In der Umfrage von 2013 gaben 92 Prozent der Befragten an, dass die Natur essenzieller Bestandteil eines guten Lebens sei. 95 Prozent begrüßten es, dass es in Deutschland Nationalparks gibt. 72 Prozent derer mit höherem Bildungsabschluss fanden es gut, dass ehemals ausgerottete Tiere wie Luchs oder Wolf sich hierzulande wieder ausbreiten.

Die wachsende Sympathie für wilde Tiere ist auch eine Folge der Konjunktur des Naturfilms, der seit den 1990er-Jahren ausgehend von Großbritannien immer grandioser, aufwendiger und technisch perfekter wurde. «Fischotter beliebter als Busen und Bundesliga», betitelte die Zeitung «Bild am Sonntag» 1997 einen Artikel über den Erfolg von Tierdokumentationen. Der Naturfilm entwickelte sich zu einer eigenständigen Kunstgattung, deren beste Werke auf internationalen Festivals gekürt werden. Das Hollywood des Naturfilms liegt in der südenglischen Küstenstadt Bristol. Dort residiert die Natural History Unit. Die Naturfilmabteilung der BBC produziert seit Jahrzehnten viele der opulenten Großproduktionen, die weltweit vermarktet werden. Verhaltensforscher und andere Biologen sitzen mit am Tisch, wenn die Teams Drehbücher für neue Serien entwickeln. So kann ein Millionenpublikum im heimischen Wohnzimmer Wildtiere aus der Nähe beobachten, wie das in früheren Zeiten nur wenigen Forschern vergönnt war, die dafür strapaziöse Expeditionen in Kauf nehmen mussten. Den

BBC-Dreizehnteiler «Das Leben auf unserer Erde» (der 1979 startete) sahen 500 Millionen Menschen in hundert Ländern. Solche Großproduktionen werden parallel auf mehreren Kontinenten gedreht und nutzen jede nur denkbare Technik. Mit medizinischen Endoskoplinsen bringen Kameraleute das verborgene Sozialleben von Termiten ans Tageslicht. Makrooptik lässt die Zuschauer in jede einzelne Facette eines Fliegenauges blicken. Mit am Gefieder fixierten Miniaturkameras zeigen Adler die Welt aus ihrer Sicht. «Niemand wird die Natur schützen, wenn er nicht davon überzeugt ist, dass es etwas Schönes, Wertvolles, Wichtiges ist. Davon müssen wir die Menschen überzeugen. Dafür arbeite ich», beschreibt der langjährige Präsentator der BBC-Naturfilme, Sir David Attenborough, seine Motivation. Die «Times» nannte ihn den «perfekten Lehrer».

Geschichten über Wildtiere sind fester Bestandteil der Populärkultur und der Massenmedien geworden, nicht nur in Form von Naturdokumentationen, sondern auch in der Unterhaltungsindustrie. Erfolgreiche Spielfilme drehen sich um Braunbären («Der Bär» 1988), Schwertwale («Free Willy» 1993), Kanadagänse («Amy und die Wildgänse» 1995), Tiger («Zwei Brüder» 2004), Pinguine («Reise der Pinguine» 2007), Füchse («Der Fuchs und das Mädchen» 2007) oder Wölfe («Der letzte Wolf» 2015). Allerdings flossen die Erkenntnisse der modernen Verhaltensforschung kaum in diese Fiktionen ein. Wie die Wunderhunde und Wunderpferde der Stummfilmzeit werden die Protagonisten als Wesen mit menschlichem Verstand und humanen Gefühlen dargestellt. Tiere sind die besseren Menschen, lautet die subtile Botschaft.

Endzeitmythen

Auch Printmedien transportieren häufig ein idealisiertes Tierbild, weitab vom Erkenntnisstand der Verhaltensforschung und der Ökologie. Reportagen in Modemagazinen fürs weibliche Publikum berichten immer wieder über Frauen, die durch den Umgang mit Tieren seelisches Wachstum erfahren haben. «Eine Liebe im Meer» lautete der Titel einer «Brigitte»-Reportage über eine Düsseldorferin, die nach Irland zog, um sich dort im Meer mit einem wild lebenden Delfin anzufreunden. Auf «Brigitte-Online» kann sich die Leserin durch eine Fotostrecke klicken, die zeigen soll, dass «Tiere die wahren besten Freunde sind».

Tageszeitungen und Politikmagazine dagegen thematisieren Wildtiere vorwiegend im Kontext schlechter Nachrichten über den anhaltenden Naturverlust. Schwinden die Bestände bekannter Großtiere wie Tiger oder Elefanten, wird dies zumeist als apokalyptisches Menetekel interpretiert, als Vorzeichen einer globalen Katastrophe.

Seit den 1980er-Jahren ist es in Tierdokumentationen üblich geworden, am Ende das baldige Verschwinden der jeweiligen Art zu prognostizieren. Das Bedürfnis nach solchen Warnungen führte dazu, dass auch solche Wildtiere als vom Aussterben bedroht beschrieben werden, die in erfreulich großer Zahl existieren – oder deren Bestände sogar anwachsen. Ein typisches Beispiel für dieses Phänomen ist die Berichterstattung über Eisbären. Dass ihre Population infolge der Erderwärmung schrumpfen wird, gehört zu den gängigen Topoi des Klimadiskurses. Weitgehend unbekannt blieb dabei die Tatsache, dass sich die Zahl der Eisbären im letzten Drittel des 20. Jahrhunderts auf über 22 000 Tiere mehr als verdoppelte.

Die mittlerweile übliche Interpretation der Natur als schwach, empfindlich und vom Untergang bedroht spiegelt den Zeitgeist des frühen 21. Jahrhunderts. Sie ist das Gegenbild zu den Schauermärchen über wilde Tiere, die bis in die 1950er-Jahre erdichtet wurden. Die moderne Darstellungsweise ist ein Fortschritt gegenüber den kolonialen Mythen von einst, denn sie entspricht weitaus stärker der Realität. Das Artensterben findet ungebremst statt. Tagtäglich werden Lebensräume von Wildtieren in landwirtschaftliche Nutzflächen umgewandelt, besonders in den Ländern der Tropen und Subtropen. Die Überfischung der Meere wurde reduziert, aber nicht gestoppt. Insofern gibt es gute Gründe für die pessimistischen Ausblicke in Naturfilmen und anderen Genres der Populärkultur, die sich mit der Tierwelt befassen.

Grund zu Optimismus

Allerdings hat sich auch einiges zum Besseren entwickelt, was seltener thematisiert wird. Die gezielte Ausrottung von Arten, die vor hundert Jahren noch gang und gäbe war, findet heute kaum noch statt. Jagd, Fischerei und Forstwirtschaft werden in fast allen Ländern wesentlich stärker reglementiert als früher. Zumindest in den Industrieländern und einigen Schwellenländern wurde die Umweltverschmutzung erheblich eingedämmt. Während es zu Beginn des 20. Jahrhunderts nur eine Handvoll Schutzgebiete weltweit gab, stehen heute 15 Prozent der globalen Landfläche unter Naturschutz. Allein die Zahl der Nationalparks wuchs auf 4000 an. Beispiel Deutschland: Biber, Steinbock, Kormoran, Uhu, Fischadler und viele andere Tierarten, die fast oder völlig verschwunden waren, kehrten zurück und breiten sich wieder aus. Die Vorstellung, es könnten einmal wieder Wölfe in Deutschland leben, war in den 1950er-Jahren vollkommen absurd. Naturschutz, das hat sich im Laufe des vergangenen halben Jahrhunderts gezeigt, ist kein aussichtsloses Unterfangen. Doch die Erfolgsgeschichten verschwinden häufig hinter den Umweltskandalen und düsteren Prognosen. David Attenborough, der große alte Mann des Naturfilms, ist nicht der Meinung, dass der Planet und seine wilde Natur rettungslos verloren sind. «Ich glaube nicht», sagte er, «dass in den nächsten hundert Jahren die Natur auf Ratten und Kakerlaken reduziert wird. Ich glaube auch nicht, dass die Welt zur Wüste wird.»

Parallel zur populären Erzählung vom unaufhaltsamen Untergang der Natur hat sich im 21. Jahrhundert auch der Blick auf das einzelne Tier gewandelt. Die moralische Betrachtung des Tierverhaltens verkehrte sich ins Gegenteil. Einst unterstellte man wilden Tieren, sie seien böse. Wenn sich heute Tiere nicht friedlich verhalten, wird die Schuld daran meist bei den Menschen gesucht. Dass Aggressivität zur Natur mancher Arten gehört, findet selten Erwähnung. Idealtypisch zeigt sich dies in der unversöhnlich ausgetragenen Debatte um Schwertwale und Delfine in Zoos und Meeresaquarien, die 2013 durch den Film «Blackfish» nochmals an Schärfe zunahm. Ein zentraler Punkt dieser Auseinandersetzung dreht sich darum, dass Schwertwale Pfleger und Trainer verletzt oder getötet haben. Die Gegner der Zoohaltung argumentieren, dies sei ein krankhaftes Verhalten. Es zeige, dass die Tiere durch die künstliche Umwelt traumatisiert sind. Schuld an den Attacken seien somit die Menschen. Doch womöglich sind Attacken auf Menschen ein natürliches Verhalten und keine Abnormität infolge der Gefangenschaft. Schließlich handelt es sich um Raubtiere, die in freier Natur Robben jagen, also Beutetiere in der Größe von Menschen. So betrachtet gäbe es keine «Schuld», sondern lediglich mangelndes Verständnis des Tierverhaltens.

Acht Jahre vor «Blackfish» hatte sich der Regisseur Werner Herzog kritisch mit dem Thema «Missverständnisse» und «Vermenschlichung von Tieren» auseinandergesetzt. In seinem Dokumentarfilm «Grizzly Man» schildert er das Leben und den Tod des Amerikaners Timothy Treadwell, der 1990 beschloss, sein Leben in einer abgelegenen Gegend Alaskas zwischen Bären zu verbringen und dadurch bekannt wurde. 2003 tötete ein Bär Treadwell und seine Freundin. Herzog verwendet in dem Film Video-Selfies, in denen der «Grizzly Man» seine mystische Beziehung zu Tieren darstellt. Dies wird mit den Erkenntnissen eines Bärenforschers und anderer Fachleute kontrastiert. Ein von Herzog interviewter Zeuge sagt, dass Treadwell die Bären nicht als Wildtiere betrachtete, sondern als «Menschen in Bärenkostümen». Eine Diagnose, die auf viele populäre Darstellungen von Tieren zutrifft. Einst unterstellte man ihnen böse Absichten, heute edle Gefühle.

Mehr als sechs Jahrzehnte nach «Serengeti darf nicht sterben» hat sich in der Populärkultur ein neuer Zeitgeist fest etabliert. Die alten Filme mit ihren bösartigen Bestien und heldenhaften Jägern, Dompteuren und kolonialen Abenteurern wirken nur noch lächerlich in ihrer seltsamen kindlichen Skrupellosigkeit. Der Zuwachs an Wissen über Tierverhalten unterstützte den Wandel. Grausamkeit gegen Tiere ist geächtet. Das Aussterben von Arten nicht mehr als unvermeidlich hingenommen oder gar bewusst befördert.

Haben die Fortschritte der Verhaltensforschung auch zu einer realistischeren Darstellung von Wildtieren geführt? In den großen wissenschaftlich begleiteten Tierdokumentationen ist das eindeutig der Fall. Allerdings ist das Wildtier im Spielfilm und anderen Unterhaltungsmedien meist nach wie vor ein vierbeiniger Superheld, edel, loyal und stets hilfsbereit. Infolgedessen wird die Idealisierung der Tiere zuweilen ins Absurde übersteigert. Doch das ist lediglich ein Nebeneffekt einer im Grunde erfreulichen historischen Entwicklung zu mehr Humanität.

Empfohlene Literatur und Filme:

Gleich, M., Maxeiner, D., Miersch, M., Nicolay, F., Life Counts - Eine globale Bilanz des Lebens, Berlin, 2000.

Grzimek B., Grzimek, M., «Serengeti darf nicht sterben» und «Kein Platz für wilde Tiere», zwei Filme auf DVD 2004 (restaurierte Fassungen).

Johnson, O., I Married Adventure - The Lives of Martin and Osa Johnson. New York, 2018.

Manfredo, M., Who Cares About Wildlife?, New York, 2008.

Maxeiner, D., Miersch, M., Alles grün und gut? Eine Bilanz des ökologischen Denkens, München, 2014.

JESSICA ULLRICH

TIERE MACHEN KUNST

Der «Animal Turn»: Chance auf neue Formen des Zusammenlebens

Das Verhältnis zwischen Menschen und Tieren gewinnt angesichts von Klimawandel, Habitats- und Biodiversitätsverlust, Überfischung, Umweltverschmutzung, Massentierhaltung, Zoonosen und Pandemien stetig an Bedeutung und Dringlichkeit. In den Medien führen Meldungen über Kunstfleisch, Kükenschreddern, Tiertransporte, Eisbären- und Bienensterben zu Diskussionen um einen gerechteren Umgang mit Tieren. Berichte über die unhaltbaren Zustände in fernen Wildtiermärkten und hiesigen Schlachthäusern finden sich fast jeden Tag in der Zeitung. Dabei wird immer deutlicher, wie eng das Schicksal von Menschen und anderen Tieren miteinander verbunden ist und dass Menschen schon aus Eigeninteresse versuchen sollten, zukünftig mit anderen Lebewesen gerechter, solidarischer und weniger ausbeuterisch und zerstörerisch zu koexistieren.

Und die Entwicklung in diese Richtung ist längst im Gange: Derzeit ist ein «Animal Turn» zu beobachten, der eine neue Sichtweise auf Tiere und Tier-Mensch-Beziehungen in den Wissenschaften, der Gesellschaft und den Künsten einleitet. Als «Turn» bezeichnet man grundsätzliche Umwälzungen von Fächern, Methoden und Einstellungen. Im akademischen Bereich etablieren sich seit der

Jahrtausendwende die «Animal Studies», auch Human-Animal Studies genannt, als neue interdisziplinäre Forschungsrichtung. Im Zentrum steht dabei die Rolle von Tieren als historische, soziale und kulturelle Akteur*innen.

Die Animal Studies als inter- und transdisziplinäres Fach erforschen unter anderem die Rolle von Tieren und Tierrepräsentationen in der menschlichen Kultur und für das menschliche Selbstverständnis, den Umgang mit Tieren und die historischen Veränderungen der Umgangsformen und Einstellungen gegenüber Tieren, aber auch die Mensch-Tier-Beziehung als Gewalt- und Ausbeutungsverhältnis sowie die Kultur und Geschichte der Tiere selbst (vgl. die Beiträge von Valeska Becker und Rainer Hagencord).

Forschungsinitiativen, neue Fachzeitschriften, Studiengänge und Professuren sorgen für einen Paradigmenwechsel vor allem in den Geisteswissenschaften. Aber auch in den Naturwissenschaften führen beinahe täglich neue verhaltensbiologische Erkenntnisse über emotionale, soziale und kognitive Fähigkeiten von Tieren zu einem Infragestellen der kategorialen Trennung zwischen Menschen und anderen Tieren (vgl. die Beiträge von Norbert Sachser sowie von Sylvia Kaiser und Helene Richter). Früher als Alleinstellungsmerkmal der Menschen betrachtete Phänomene wie Sprache, Werkzeugherstellung, Bewusstsein, Empathie und Kultur werden inzwischen diversen Tierarten zugesprochen; die Leidensfähigkeit vieler Tiere ist längst nicht mehr strittig. Die Beweislast für emotionale oder kognitive Fähigkeiten liegt nach dem Animal Turn nicht länger bei den Tieren. Menschen müssen vielmehr ihre eigenen Fähigkeiten infrage stellen, wenn es darum geht, Tierverhalten zu deuten. So lautet ein aktueller Buchtitel des bekannten Verhaltensforschers Frans de Waal: «Are We Smart Enough to

Know How Smart Animals Are?» (zu Deutsch: «Sind wir schlau genug, zu verstehen, wie schlau Tiere sind?»). Der von den Animal Studies angestoßene Paradigmenwechsel bedeutet eine kritische Auseinandersetzung mit Anthropozentrismus, menschlichem Exzeptionalismus und den gängigen Kriterien anthropologischer Differenz. Als Anthropozentrismus bezeichnet man ein Weltbild, bei dem sich «der Mensch» (griechisch: anthropos) selbst in den Mittelpunkt stellt und seinem Leben auch moralisch die größte Bedeutung zuschreibt. Diese menschliche Vormachtstellung wird von der Auffassung einer herausgehobenen Sonderstellung (Exzeptionalismus) des Menschen begleitet, die ihn vor allen anderen Tieren auszeichnet, ihn von der Natur trennt und ihr überlegen macht. Die Suche nach der Eigenschaft, die den Menschen von allen anderen Tieren unterscheidet und danach, was diese Unterscheidung möglich macht, ist die Suche nach der anthropologischen Differenz. Sie diente meist dazu, den Menschen durch qualitative Abgrenzung den anderen Tieren überzuordnen. Klassische Anwärter für ein solches Merkmal waren traditionell Seele, Vernunft, Sprache oder Kultur.

Der Animal Turn in der Kunst

Parallel zu den allgemeingesellschaftlichen und akademischen Umwälzungen werden auch in der globalen Kunstszene Tiere in den Fokus gerückt. Um diesen Umbruch zu verstehen, muss zunächst die traditionelle Rolle von Tieren in der Kunst skizziert werden: Kunst war und ist ohne Tiere nicht vorstellbar. Sie sind schon seit vorgeschichtlicher Zeit Motiv und Thema von Kunst. Die frühesten bekannten Höhlenbilder, darunter zum Beispiel die von El Castillo von vor 40 000 Jahren oder die etwas jüngeren von Chauvet und Lascaux, zeigen Tiere. Der Kunstkritiker John Berger geht davon aus, dass Tiere die ersten Motive, das erste Material und die ersten Metaphern gewesen sind. Doch sie kommen auch als Muse, Modell oder Medium vor. Tiere inspirieren Künstler*innen zum kreativen Schaffen oder dienen als Vorlage beim akademischen Zeichenunterricht. Außerdem sind sie oft Attribut porträtierter Menschen oder Symbole für abstrakte Konzepte, die mit dem realen Tier gar nichts zu tun haben müssen. Als Wappentier versinnbildlicht ein Löwe musterhaft «Königlichkeit», ein Pferd verstärkt den Herrschaftsanspruch seines Besitzers und visualisiert dessen Fähigkeit, Wildes zu zähmen bzw. die Natur zu kontrollieren. Tiere kommunizieren in der Kunstgeschichte die unterschiedlichsten menschlichen Vorstellungen. Sie kommen auf Stillleben wahlweise als Statussymbole vor, die Reichtum und Kultiviertheit von Gastgebern visualisieren oder als Vanitassymbole, die auf menschliche Sterblichkeit hinweisen. Aber tierliche Körperbestandteile werden auch als Werkstoffe eingesetzt, zum Beispiel in Pigmenten, Pinseln, Kleistern oder fotografischen Bildträgerschichten, sowie im «Ganzen» als ausgestopfte Präparate.

Lebendige Tiere finden ab dem späten 20. Jahrhundert Eingang in die Kunst. Sie fungieren dabei oft als Medien im Sinne von Vermittlern bestimmter Inhalte oder Ideen, die von den Künstler*innen relativ willkürlich festgelegt werden, als Modellorganismen in künstlerischen Realzeitexperimenten oder als Material der Bio Art. Joseph Beuys setzt beispielsweise in seinen Aktionen Tiere als spirituelle Botschafter ein, die in seiner privatmythologischen Vorstellung zur Versöhnung unterschiedlicher Menschengruppen beitragen sollen. Tue Greenfort stellt ein Aquarium aus, damit man modellhaft und in Echtzeit die Vermehrung von Quallen beobachten kann. Damit möchte er auf die Gefahren der Erwärmung der Weltmeere hinweisen. Und Eduardo Kac lässt im Labor ein Kaninchen gentechnisch verändern, sodass es unter bestimmten Lichtverhältnissen grün leuchtet.

Die in Kunstwerke involvierten Tiere wurden vor dem sogenannten Animal Turn vor allem unter ästhetischen, funktionalen, ikonografischen und medialen Aspekten betrachtet. Ihr moralischer Status und ihre Individualität wurden kaum diskutiert und spielten für die Künstler*innen nur selten eine Rolle. Das ändert sich jedoch mit dem Animal Turn, der in der Kunst ungefähr mit dem Beginn des 21. Jahrhunderts stattfindet. Eine neue Künstler*innengeneration entdeckt Tiere und Tier-Mensch-Beziehungen als zentrales Thema und mit einer veränderten Haltung: Tiere werden zunehmend als eigenständige, fühlende, denkende und handelnde Subjekte wahrgenommen und weniger als passive Objekte, die man nach Belieben in Bilder oder Vorstellungen zwingen kann.

Der Animal Turn erzeugt für die Kunst Herausforderungen und Chancen: Einerseits führt er zu gewissen Beschränkungen für Künstler*innen, andererseits zu Erweiterungen von Kunstpraxis und Kunstbegriff.

Beschränkungen der Kunst durch den Animal Turn

Im Zuge des Animal Turns stehen Künstler*innen heute stärker als je zuvor unter Druck, sich für ihren Umgang mit Tieren rechtfertigen zu müssen. Ausdruck dieser Entwicklung sind von Künstler*innen, Kunsthistoriker*innen und Kurator*innen erarbeitete Richtlinien und Manifeste, die Orientierung für eine tiersensible Kunst geben wollen. Damit beschäftigt sich die Kunstszene erstmalig nicht mehr nur mit ästhetischen, sondern auch mit ethischen Fragen. Zu den frühesten Texten in diesem Zusammenhang gehört «Some Notes Towards a Manifesto for Artists Working with or about the Living World» von Mark Dion aus dem Jahr 2000. In diesen als Kunstwerk gerahmten Regeln für den Umgang mit lebendem ‹Material› erinnert Dion Kunstschaffende an ihre Verantwortung. Eine Empfehlung, Tiere nicht zu schädigen, spricht er nicht aus; ein Schaden sollte nur nicht aus Nachlässigkeit entstehen.

Deutlicher tierethisch positioniert sich die nur ein Jahr später gegründete Justice for Animals Arts Guild. Ihr Ziel ist es, Kunst zu fördern, die sich gegen die Ausbeutung von Tieren richtet. Sämtliche Mitglieder der Künstlergilde schaffen anwaltschaftlich motivierte Kunst und lehnen den Einbezug von lebendigen Tieren grundsätzlich ab.

Für Kunststudent*innen hat Lisa Jevbratt 2009 den «Fieldguide for Interspecies Collaboration» entwickelt. In dieser Handreichung betont Jevbratt die Notwendigkeit, das jeweilige Tier respektvoll zu behandeln und dessen Verhalten und Sinneswahrnehmung zu studieren. Sie betont, dass es unbedingt zu akzeptieren sei, wenn Tiere sich gegen ihren Einbezug in Kunstwerke wehren. Andere wichtige Regeln Jevbratts sind, Tiere nicht zu stören, zu schädigen oder zu etwas zu zwingen, was sie nicht tun wollen.

Die größte Künstler*innenvereinigung der Welt, die College Art Association (CAA), stellt in ihren Richtlinien für Kunst mit Tieren von 2011 fest, dass «kein Kunstwerk im Laufe seiner Entstehung einem Tier physische oder psychische Schmerzen, Leiden oder Schäden zufügen sollte», und formuliert eine Reihe von Fragen an Künstler*innen, die mit Tieren arbeiten möchten. Unter anderem heißt es da: «Kann man dieselbe Aussage machen, wenn man das Tier ersetzt? Wenn man die Anzahl der Tiere reduziert? Wenn man die Verwendung der Tiere verfeinert?» Die CAA lehnt sich damit an die für wissenschaftliche Tierexperimente entwickelten «3 Rs» (Replace, Reduce, Refine / Vermeiden, Verringern, Verbessern) an und schlägt erstmals vor, sie auf den Kunstbereich anzuwenden.

Weiter gehen die 2017 entwickelten «Minding Animals Curatorial Guidelines Animals and Art Exhibitions». Im Fall von lebendigen Tieren in Kunstwerken ist die Haltung dieser Richtlinien klar: Sie gehen mit der CAA konform, dass weder in der Vorbereitung noch bei der Realisierung eines Kunstwerks Tiere absichtlich oder versehentlich zu Schaden kommen dürfen. Doch auch das unkritische Zurschaustellen von toten Tierkörpern oder ihrer Teile wird abgelehnt. Zudem sollen Künstler*innen sich um vegane Malmaterialien und Werkstoffe bemühen und beispielsweise keine Eitempera (mit Eigelb vermischtes Pigment für die Tafelmalerei) oder Marderhaarpinsel mehr verwenden. Kunstwerke, die Tiermaterial verwenden, um auf Tierausbeutung hinzuweisen, werden jedoch als legitim angesehen. Außerdem sollen Tiere und ihr Leiden nicht verspottet, lächerlich gemacht oder visuell verhöhnt werden. Die Autorinnen der Guidelines gehen davon aus, dass jede Art der Repräsentation auf die Realität zurückwirkt und dass die Art und Weise, wie Tiere dargestellt werden, zwangsläufig die Art und Weise beeinflusst, wie Tiere behandelt werden.

Auch die Kunstgeschichtsschreibung macht zunehmend die ethischen Implikationen des Einbezugs lebender oder toter Tiere in künstlerische Praxis zum Thema. Anfang 2021 forderte das Autor*innenteam des in der Zeitschrift «Animals» veröffentlichten Aufsatzes «Artistic Freedom or Animal Cruelty? Contemporary Visual Art Practice that Involves Live and Deceased Animals», dass Tierkörper nicht auf voyeuristische Weise als bloßes Spektakel präsentiert werden sollten. Außerdem schlug es die Etablierung von Tierethikkommissionen im Ausstellungswesen vor. Und an der Berliner Universität der Künste hat die Professorin für Kunstpädagogik Ana Dimke kürzlich Richtlinien für Kunststudent*innen entwickelt, die ein tiersensibles Arbeiten über Tiere oder mit Tieren ermöglichen und die sich an die «Minding Animals Curatorial Guidelines» anlehnen. Auf diese Weise trägt sie den Gedanken einer tiersensiblen Kunst und Kunstdidaktik in die Lehrer*innenbildung und damit in die nächste Generation.

In der Kunstszene werden die genannten Initiativen und Richtlinien oft als Zensur aufgefasst. Bei vielen Künstler*innen, Kunsthistoriker*innen oder Ausstellungsmacher*innen ist die Angst groß, dass durch den Animal Turn die Freiheit der Kunst in Gefahr sei. Allerdings handelt es sich in allen Fällen um unverbindliche Regelwerke. Künstler*innen werden lediglich aufgefordert, sich mehr Gedanken über die Folgen ihres Umgangs mit Tieren zu machen. Tatsächlich geändert hat sich mit dem Animal Turn jedoch, dass Tierquälerei im Rahmen von Kunstwerken nicht mehr automatisch durch den Hinweis auf die Kunstfreiheit akzeptiert wird. Kunstschaffende müssen damit rechnen und damit umgehen, dass Kritik aus den eigenen Reihen kommen kann und nicht mehr nur von «Banausen», die keine Ahnung von zeitgenössischer Kunst haben – was lange Zeit das Argument bei Beschwerden über Tierquälerei in der Kunst war, zum Beispiel im Zusammenhang mit den inflationär vorkommenden Tiertötungen in der Performancekunst der 1970er-Jahre.

Kunst von Tieren, Kunst für Tiere

Bei aller Furcht vor einer neuen Form der Cancel Culture wird übersehen, dass der Animal Turn auch eine Chance für die Kunst und Kunstgeschichte enthält, da die Kunst eine grundsätzliche konzeptuelle, ontologische und praktische Erweiterung erfährt. Eine radikale Erweiterung des Kunstbegriffs zeigt sich zum Beispiel in Rosemarie Trockels Ergänzung des berühmten Postulats von Joseph Beuys' «Jeder Mensch ist ein Künstler» mit «Jedes Tier ist eine Künstlerin». Sie bezeichnete u.a. eine Motte als Kunstakteurin und dokumentierte deren Fraßspuren. Kunst von, für oder mit Tieren sind Phänomene, die vor dem Animal Turn in dieser Form nicht denkbar gewesen wären. Zwar gab es schon Anfang des 20. Jahrhunderts Experimente mit malenden Menschenaffen oder Studien über die ästhetischen Präferenzen von Fischen, Tauben, Hummeln und Primaten, aber diese Forschung spielte sich fast ausschließlich in den Naturwissenschaften ab. In der Kunstszene oder gar in der Kunstgeschichte galten Kreationen von und für Tiere als kurzfristige Moden und Kuriosa. Seit dem Animal Turn spielen Tiere vermehrt eine Rolle als (Ko-)Produzent*innen von Kunst, was sich in einer Vielzahl von Ausstellungen und Publikationen spiegelt.

Die Ausstellung «Animal House» in Ottawa widmete sich 2009 ausschließlich den ästhetischen Produktionen von Tieren, darunter Malereien von Elefanten und Schimpansen sowie Kratzbildern von Hunden und Schildkröten. Diese und vergleichbare Ausstellungen führten zur Etablierung des neuen Genres der Interspecies Art. In diesem gestehen Künstler*innen tierlicher Kreativität einen eigenen Wert zu und bauen darauf. Dadurch werden Tiere in kollaborativen Projekten zu Ko-Autor*innen. Ein Beispiel dafür ist Kristina Buchs «Bevor das Ich gefaltet war». Hierfür übergab sie einer Gruppe von Zooschimpansen einen Klumpen Ton und integrierte die von den Affen geformte Skulptur dann in eine eigene mehrteilige Installation aus anderen Materialien. Die Erlöse des Verkaufs der Arbeit gingen an ein Artenschutzprojekt. Buch ging es nicht zuletzt um das Destabilisieren und Auflösen von Autorschaftskategorien und die Eröffnung eines kritischen Diskurses über die Kreativität von Tieren.

Semâ Bekirović hingegen kollaborierte mit zwei Blässhühnern in einem Amsterdamer Kanal. Die Künstlerin offerierte den Vögeln persönliche Gegenstände, die für sie selbst einen bestimmten, oft sentimentalen Wert darstellten (Fotos ihrer Eltern, Plastikspielzeug oder Banknoten). Nachdem Bekirović das Vertrauen der Vögel gewonnen hatte, verwendeten sie diese tatsächlich zum Nestbau. Bekirović verändert durch ihre Intervention weder das natürliche Verhalten der Blässhühner noch die Funktion des Nests, nimmt aber partiell Einfluss auf dessen materielle Zusammensetzung.

Auch das Künstlerduo Ute Hörner und Mathias Antlfinger arbeitet mit Vögeln zusammen, allerdings mit den eigenen Heimvögeln. Von 2013 bis 2018 bildeten sie mit den beiden Graupapageien Clara und Karl die Künstlergruppe CMUK (ein Akronym für Clara Mathias Ute Karl). Für die Werkserie «CMUK (weekly)» überließen die beiden Menschen den beiden Vögeln wöchentlich eine Ausgabe des «ZEIT-Magazins» zur Überarbeitung und stellten die entstandenen Papierreliefs aus. Durch die Intervention der Vögel entstanden Biss- und Kratzspuren, Risse und Löcher in den Seiten, die unerwartete Durch- und Einblicke in das zerfetzte Wochenmagazin erlauben. Das Benagen, Knabbern und Scharren ist eine lustvolle Tätigkeit, die vermutlich nicht nur biologische Funktionen hat, sondern auch eine spielerische, zweckfreie Komponente. Hörner / Antlfinger bemühen sich um einen respektvollen, kollegialen Umgang mit ihren gefiederten Mitbewohner*innen und greifen in deren Produktionsprozess nicht ein. Ihre eigene künstlerische Intervention liegt vor allem in der kuratorischen Entscheidung, wie das Produkt der Papageien dem Ausstellungsbetrieb übergeben werden soll.

Solche Interspecies Art kann als politisches Instrument eingesetzt werden und die Vorstellung eines hierarchisch gedachten menschlichen Exzeptionalismus zumindest relativieren. Neben all den anderen Gründen, die es gibt, um Tiere moralisch zu berücksichtigen, liefert der Blick auf gestaltende Tiere einen weiteren: Sie sind nicht nur empfindungsfähig, sozial und intelligent, sondern zudem kreative Wesen und sogar zu gemeinsamer ästhetischer Praxis fähig.

Zudem werden mit dem Animal Turn Tiere auch als ästhetisch rezipierende Wesen entdeckt. In der Regel erwarten Menschen, dass Tiere für sie performen. Das ist am augenscheinlichsten im Zirkus oder im Zoo, wenn dressierte oder eingesperrte Tiere menschliche Schaulust befriedigen oder pausenlos sichtbar sein sollen. Mit ihren «Performances for Pets» wollen Krõõt Juurak und Alex Bailey Haustieren, die ohne Lohn oder Urlaub emotionale Arbeit leisten, etwas zurückgeben. Die beiden laden Haustierhalter*innen ein, eine Aufführung im gewohnten Umfeld ihrer Tiere zu buchen. Jede Performance nimmt auf die spezifische Persönlichkeit der jeweiligen tierlichen Rezipient*innen Rücksicht, die Juurak und Bailey in Vorgesprächen erfragen. Die Performances können mit ihrer Betonung von Bewegungsreizen und dem Einsatz von überraschenden Geräuschen durchaus unterhaltend für Tiere sein. Den begleitenden Menschen, an die sie sich explizit nicht richten, können sie dabei helfen, zu verstehen, dass ihre Tiere eine eigene, den Menschen verschlossen bleibende Weltsicht haben. Die Katzen oder Hunde können jederzeit die Aufführung verlassen oder an ihr teilnehmen.

Kunst war immer ein wichtiges Feld der Auseinandersetzung um die anthropologische Differenz. Von denjenigen, die den menschlichen Exzeptionalismus betonen, wird die Fähigkeit sowohl zur Kunstproduktion als auch zur Kunstrezeption als eines der wenigen noch verbleibenden Distinktionsmerkmale von Menschen und anderen Tieren hochgehalten. Und wenn man Kunst als Gattungsmerkmal des Menschen definiert, schließt man damit alle ästhetischen Praktiken von Tieren aus. Die Unterscheidung zwischen

Menschen und anderen Tieren ist aber genau wie der Kunstbegriff immer schon fluide. Beides ist nicht gegeben oder festgefügt, sondern muss immer wieder im Diskurs ausgehandelt werden. Auch wenn die Opponent*innen noch überwiegen, das Konzept einer «Kunst von Tieren» hat durchaus historische Wurzeln: Von Demokrit über Charles Darwin bis hin zu Gilles Deleuze oder Vinciane Despret gehen wichtige Denker*innen von einer tierlichen Kreativität und tierlicher ästhetischer Empfindungsfähigkeit aus.

Im geschützten Experimentierraum der Kunst können auf spielerische Weise Phänomene wie ästhetischer Ausdruck, ästhetisches Empfinden oder Handlungsmacht als genuin menschliche Fähigkeiten infrage gestellt und Tiere von Schauobjekten zu Mitgestaltenden werden. Für die ethische Bewertung von Tieren kann es einen großen Unterschied machen, wenn sie nicht länger als instinktgetriebene Wesen wahrgenommen werden, sondern als kreative Individuen mit Gestaltungsspielraum, die ästhetisch produzieren und erleben. Auch wenn Künstler*innen die beteiligten Tiere immer in gewisser Weise instrumentalisieren, erkennen sie doch an, dass deren kognitive, kommunikative und ästhetische Fähigkeiten eine weltschaffende Dimension haben.

Anwaltschaftliche Kunst und Artivismus

Ein weiterer Ausdruck des Animal Turns in der Kunst sind anwaltschaftliche Projekte, bei denen Künstler*innen mit ihrem Werk entweder für Tiere Stellung beziehen oder ihre Kunst ganz praktisch in den Dienst von Tieren stellen. Ein Großteil der aktuellen tierinvolvierenden Arbeiten hat performativen, installativen oder konzeptuellen Charakter. Dennoch existiert natürlich weiterhin klassische abbildende Malerei oder Fotografie, die durch leicht lesbare Bilder auf gesellschaftliche Veränderung zielt und eindringlich auf Missstände aufmerksam macht. Das sind zum Beispiel utopische Zukunftsszenarien eines emanzipatorischen Miteinanders von Menschen und anderen Tieren, wie sie Hartmut Kiewert malt. Mit seinen Bildern erschafft er paradiesisch anmutende Interspezies-Picknicksituationen mit Modellen von einem Lebenshof. Das gemeinsame Mahl verdeutlicht die Verbundenheit von Menschen und anderen Tieren und rekurriert auf die geteilte Leiblichkeit als Basis allen Lebens. Tiere – das machen seine Gemälde durch das Speiseangebot und die Tischgesellen klar – sind nicht da, um gegessen zu werden. Mit dem Anbieten von Speisen als einer Geste der Gastfreundschaft, die kultur- und speziesübergreifend verstanden wird, zeigt Kiewert einen Weg friedlicher Koexistenz und Konvivialität auf. Die fast altmeisterlichen Konterfeis der Tiere unterstreichen deren Bildwürdigkeit und ihre Gleichwertigkeit als Motiv. Kiewert hinterfragt so auch hegemoniale Vorstellungen davon, wer porträtiert werden darf und wer nicht, bzw. wer von der Nachwelt erinnert werden soll und wer nicht, wer Subjekt ist und wer Objekt.

Das Gegenteil einer solchen Utopie ist die bittere Realität, wie sie in den Schlachthausfotografien der Künstlerin mit dem Pseudonym K49814 zu sehen sind. Sie betreibt mit ihren forensischen Dokumentarfotografien von Schweinen und Kühen bei der Schlachtung oder Zerlegung eine Innenschau in das System der Tierausbeutung. Die Fotos verdeutlichen auf eindringliche Weise die Verdinglichung der Tiere, die zu bloßen Nummern degradiert werden und bezeugen den Warencharakter von Lebewesen. K49814 konfrontiert ihr Publikum dabei mit unbequemen und schwer erträglichen Tatsachen. Wo Hartmut Kiewert die Möglichkeit einer besseren Zukunft ausmalt, setzt K49814 auf Aufklärung über die aktuelle Lage von sogenannten Nutztieren.

Es gibt aber auch Kunstformen, die eine ganz unmittelbare Auswirkung auf Tiere haben und die man als Artivismus bezeichnen könnte, einer Verbindung von Kunst (englisch: Art) und Aktivismus. Mary Britton Clouses künstlerische Praxis besteht beispielsweise aus dem Hühnerschutzprojekt «Chicken Run Rescue», das sie gegründet hat, um aus der Massentierhaltung geretteten Hühnern ein Heim zu geben oder sie zur Adoption zu vermitteln. Mit Fotos, Gemälden und Skulpturen von individuellen Hühnern erzählt sie deren Lebensgeschichte nach. Und Yvette Watt realisierte mit «Duck Lake Project» eine künstlerische Intervention, die die Entenjagd in der Moulting Lagoon an der Ostküste Tasmaniens durchkreuzte. Unter Watts Federführung wurde zu Beginn der Entenjagdsaison eine Tanzchoreografie zur Musik von Schwanensee auf einem Floß in der Lagune aufgeführt. Die sieben auftretenden Performerinnen trugen rosa Tutus, rosa Leggings und T-Shirts. Mit ihrem Aufgebot an rosa Kitsch konterkarierte bzw. ironisierte Watt die von Entenjägern repräsentierte übersteigerte Machokultur mit einer ähnlich übertriebenen «Tussi»-Kultur. Durch die Störaktion mit lauter Musik, viel Bewegung und grellen Farben wurde an diesem Tag nicht nur öffentlichkeitswirksam auf die Opfer der Jagd aufmerksam gemacht, sondern auch einer ganzen Anzahl von Enten das Leben gerettet.

Kunst ohne Gehege – ein Ausblick

Wie gezeigt wurde, zeitigt der Animal Turn sowohl Einschränkungen als auch Erweiterungen der Kunst. Einerseits stellen mittlerweile sowohl Künstler*innen als auch Kunsthistoriker*innen und Kurator*innen die potenziell schädigende Instrumentalisierung von Tieren im Rahmen von Kunstwerken infrage und fordern eine freiwillige Selbstbeschränkung der Kunst. Andererseits erlaubt der Einbezug von Phänomenen tierlicher Ästhetik eine neue Sicht auf Tiere als Mitgestalter*innen der Welt. Wenn Künstler*innen Kunst mit Tieren oder Kunst für Tiere machen, werden Tiere als erlebende Wesen mit einer eigenen Perspektive auf Dinge und Beziehungen ernst genommen. Dadurch, dass hierbei ein inneres Erleben und eine Handlungsfähigkeit von Tieren vorausgesetzt wird, verlieren sie ihren tradierten Status als konsumierbare und passive Objekte und werden als fühlende, denkende, kommunizierende Mitgeschöpfe mit eigenen Bedürfnissen und spezifischen, auch ästhetischen Kapazitäten erfahrbar.

Für die Zukunft bleibt zu hoffen, dass noch mehr Künstler*innen Tiere in ihrem individuellen, jeweils spezifischen Eigenwert (an-)erkennen und diese Erkenntnis durch ihre Kunst kommunizieren. Kunst bleibt immer dann zutiefst konservativ, wenn sie Tierrepräsentationen ausschließlich zur Formulierung menschlicher Vorstellungen und für menschliche Selbstvergewisserungsstrategien heranzieht. Wenn Tiere hingegen als sie selbst ernst genommen werden, fordern sie nicht mehr nur zu ästhetischen, sondern auch zur ethischen Positionierung heraus. Dazu gehört ein sensibler Umgang mit lebenden und toten Tieren. Wenn ein partnerschaftlicher Dialog mit lebendigen Tieren nicht möglich ist, wäre eine künstlerisch logische wie auch ethisch informierte Entscheidung, die «Zusammenarbeit» zu unterlassen. Auch wenn es zum Wesen der Kunst gehört, dass sie Grenzen überschreitet und sich nicht normativ einhegen lässt, kann doch konstatiert werden, dass heute rücksichtslose Instrumentalisierung von Tieren im Rahmen von Kunstwerken überholt und einfallslos ist. Denn sie reproduziert und normalisiert lediglich alte hierarchische Mensch-Tier-Beziehungen und lässt das systemdestabilisierende Potenzial von Kunst ungenutzt.

Dabei bleibt der Animal Turn schon in seiner Wortbedeutung revolutionär (*revolutio* meint «Umkehrung», turn «Wende»): Man kehrt sich von etwas ab und wendet sich etwas anderem zu. Das bedeutet, dass man selbst in Bewegung ist. Es ist die eigene Aktivität, die die Wende ausmacht, nicht die der Dinge um einen herum. Insofern bedeutet der Animal Turn in der Kunst eine Aufforderung zu eigener gedanklicher Beweglichkeit. Kunst lädt dabei ein, Erfahrungen zu machen und setzt damit im besten Fall weltverändernde Impulse.

Empfohlene Literatur:

Aloi, G., Art and Animals. Tauris, 2011.
Baker, S., The Postmodern Animal. Reaktion, 2000.
Borgards, R. (Hg.): Tiere. Ein kulturwissenschaftliches Handbuch, Metzler, 2016.
NGBK Berlin (Hg.), Tier-Werden, Mensch-Werden, Ausstellungskatalog NGBK, Berlin, 2009.
Paust, B., Janssen, L. M., Das ausgestellte Tier. Lebende und tote Tiere in der zeitgenössischen Kunst, Neofelis, 2019.
Ullrich, J., Weltzien, F., Fuhlbrügge, H. (Hg.), Ich, das Tier. Tiere als Persönlichkeiten, Reimer, 2007.
Ullrich, J., Weltzien F. (Hg.), Tierperspektiven, Ausstellungskatalog Georg-Kolbe Museum, Berlin, 2009.
Ullrich, J. (Hg.), Animalität und Ästhetik. Tierstudien 01/2012, Neofelis Verlag.

Links zu den erwähnten Kunstwerken:

K49814: Atmen ohne Pause
http://atmenohnepause.org/
Bekirović, Semâ: Koet
https://www.semabekirovic.nl/
Britton Clause, Mary: Chicken Run Rescue
http://chickenrunrescue.org/Rescued-Chickens-What-They-Want
Buch, Kristina: Bevor das Ich gefaltet war
http://kristinabuch.net/works/bevor-das-ich-gefaltet-war-before-the-i-was-folded/

CMUK: Interspecies Collaboration
http://h--a.org/de/cmuk-interspecies-collaboration-between-clara-mathias-ute-and-karl/
Juurak, Krõõt, Bailey, Alex: Performances for Pets
http://www.performancesforpets.net/info/
Kiewert, Hartmut: Animal Utopia
https://hartmutkiewert.de/werk/animal-utopia/
Watt, Yvette: Duck Lake Project
https://vimeo.com/158270314

SIMONE SCHEHKA

HÜTER DER GENETISCHEN SCHÄTZE

Begegnungsort Zoo: Selbstverständnis und Aufgaben von Tiergärten im Wandel

Seit der Zoogründungswelle im 19. Jahrhundert haben sich Tiergärten grundlegend geändert und stetig weiterentwickelt. Als Spiegel der Gesellschaft zeigen sie uns dabei unermüdlich auf, welchen Stellenwert Tiere und im weiteren Sinne auch die Natur für uns haben. Und Zoos mit ihren animalischen Bewohnern sind ein Besuchermagnet mit hoher Anziehungskraft für alle gesellschaftlichen Bereiche. Ob Single, Pärchen oder Familien, ob Stadt- oder Landbewohner, ob Schüler oder Rentner – im Jahr 2019 haben allein im deutschsprachigen Raum die wissenschaftlich geführten Tiergärten rund 45 Millionen Besuche zählen können.

So wie sich die zoologischen Einrichtungen weiterentwickelt haben, so hat sich auch unser Bild von Tieren gewandelt. Heute nehmen wir sie, fast schon selbstverständlich, als fühlende und empfindsame Wesen wahr. Zumindest manchen Tieren, meist den uns vertrauten und nahestehenden, sprechen wir sogar ein (Ich-)Bewusstsein zu. Diese Sicht und dieser Umgang mit unseren Mitgeschöpfen waren aber nicht immer so, und sie treffen auch heute nicht auf alle Tiere zu.

Die Anfänge der zoologischen Einrichtungen

Der Anspruch, lebende Tiere genauer erforschen und beobachten zu können, entwickelte sich im ausgehenden 18. Jahrhundert und nahm seinen Ursprung in den höfischen Menagerien, den Vorläufern der zoologischen Gärten. Bis zu Beginn des 19. Jahrhunderts stand aber in der westlichen Welt im Verhältnis zu den Tieren ihr Nutzen für den Menschen im Vordergrund – als Nahrungsmittellieferanten, Arbeitskraft oder Transportmittel. Für eine engere emotionale Bindung oder die Wahrnehmung der Tiere als empfindsame Mitgeschöpfe waren kein Raum und auch kein Bedarf.

Mit der zunehmenden Industrialisierung wurde jedoch vor allem in der Stadt das Tier als Nutztier verdrängt. Gleichzeitig fürchteten die Menschen durch den industriellen Fortschritt, der ja auch die Landschaft veränderte, einen Naturverlust. Dies führte in Deutschland zu einer regelrechten bürgerlichen Zoogründungswelle in fast allen großen Städten, wobei Zoos sich erstmals auch als Stätten der Erholung und der naturkundlichen Volksbildung verstanden. Der erste Zoo dieser Generation Deutschlands wurde 1844 mit Unterstützung Alexander von Humboldts und des preußischen Königs Friedrich Wilhelm IV. in Berlin eröffnet. Schon zur folgenden Jahrhundertwende gab es im damaligen Deutschen Reich über 20 Zoos und Schauaquarien. In dieser Zeit dienten Tiergärten als Zufluchtsort, um Natur und Tieren nahe sein zu können. Zudem festigte sich der Bildungsanspruch von Zoos. Sie wollten wissenschaftliche Erkenntnisse aus der Tierhaltung ziehen und diese an die Bevölkerung vermitteln. Hierbei ging es in erster Linie um die Kenntnis von Grundbedürfnissen wie die Ernährung oder das Fortpflanzungsverhalten einer Art. Wachsende Sammlungen an Tieren, meist in immer kleineren Käfigen, in gleichförmigen Reihen aufgestellt und zum Teil sogar übereinandergestapelt, waren die Folge. Der Naturerholungswert für die Bevölkerung, der zu dieser Zeit eigentlich durch die zunehmende Verstädterung immer wichtiger wurde, ging zurück, und Zoos glichen eher einem Museum mit lebendigen Exponaten. Dieser Effekt verstärkte sich noch während der Hochphase der Kolonialzeit. In dieser Epoche galt es, Exotisches zu erleben sowie die weite und aufregend fremde Welt für die Daheimbleibenden greifbar zu machen. Mittels Völkerschauen, in denen teilweise gleichzeitig über 100 außereuropäische Menschen zur Schau gestellt wurden, wollten die Entdecker zudem dem heimischen Volk ihren «Erfolg» belegen. Außerdem reklamierte die Obrigkeit ihre Besitzansprüche und wollte ihre Weltoffenheit und ihren Reichtum demonstrieren. Die Folge waren theatralische inszenierte Zurschaustellungen von Angehörigen fremder Völker gegen Eintrittsgebühren. Diese aus heutiger Sicht kaum vorstellbare Vorführung hielt auch Einzug in die Tiergärten. Neben wilden Tieren konnten die Besucher nun auch Menschen aus entfernten Ländern bestaunen. Den Veranstaltern brachten diese Art der Mensch- und Tierausstellungen große Gewinne.

Mit Beginn des 20. Jahrhunderts wurden neue Konzepte der Tiergärtnerei entwickelt. Weg von der Käfighaltung, sollten Tiere möglichst in ihren natürlichen Lebensräumen und ohne sichtbare Barrieren gezeigt werden. Auch die Ordnung der Tiere nach Kontinenten sowie die Vergesellschaftung von unterschiedlichen Arten in gemeinsamen Anlagen hielten zu dieser Zeit Einzug. Ein Vorreiter hinsichtlich der Tierpräsentation im modernen Sinne war in Deutschland der Tierpark Hagenbeck in Hamburg. 1907 eröffnete Carl Hagenbeck in dem damals noch nicht zum Hamburger Stadtgebiet gehörenden Stellingen den weltweit ersten gitterlosen Zoo. Sein Ziel war es, Tiere in größtmöglicher Freiheit zu zeigen und so die perfekte Illusion einer Abenteuerreise durch die Wildnis zu schaffen. Die Tiere lebten in sogenannten Panorama-Anlagen. Anstatt durch Gitterstäbe waren sie von den Besuchern nur durch Trocken- und Wassergräben getrennt. Das Konzept der Tierhaltung in naturnahen Umgebungen ließ sich Hagenbeck patentieren – und auch wenn es einige Zoos schon bald übernahmen, dauerte es noch Jahrzehnte, bis sich dieser neue Trend als Standard durchsetzte. Selbst heute findet man noch Gitteranlagen in Zoos, vor allem dann, wenn die zur Verfügung stehende Fläche – wie in vielen städtischen Zoos – begrenzt ist, denn Trocken- und Wassergräben verbrauchen zur Einzäunung von Tieren mehr Raum als Gitterstäbe.

Das Selbstverständnis moderner Zoos

1942 begründete der Schweizer Zoologe Heini Hediger mit seinem Buch «Grundriss der Tiergartenbiologie» die moderne Wissenschaft der Zootierhaltung. Aufbauend auf Hedigers Erkenntnissen entwickelten die modernen Zoos ein Selbstverständnis, das auch heute noch auf den vier Säulen «Erholung, Bildung, Forschung und Naturschutz» fußt.

Die **Erholungsfunktion** bezieht sich dabei auf den Aufenthalt der Besucher in einer naturnahen Umgebung, dem Erleben der Schönheit der Natur, und sie beinhaltet auch direkte Mensch-Tier-Begegnungen. Letztlich ist dies auch ein Mittel, das breite Publikum für den Schutz von Tieren und Pflanzen zu motivieren. Damit geht die Erholungsfunktion auch fließend in den **Bildungsauftrag** von Zoos über. So sollten Besucher schon allein beim Spaziergang durch den Zoo viel Wissenswertes über die Tiere und ihre Lebensräume erfahren, zum Beispiel durch entsprechende Informationstafeln an den Gehegen. Ein weiterer Weg der Wissensvermittlung sind kommentierte Fütterungen oder öffentliche Trainingseinheiten. Zudem gibt es in vielen Zoos eigens für den Bildungsauftrag zuständige Mitarbeiter wie Zoopädagogen und Zooführer. Heute verfügen annähernd 90 Prozent der wissenschaftlich geführten Zoos im deutschsprachigen Raum über eine Zooschule. Allein im Jahr 2019 nahmen 1,2 Millionen Zoobesucher an 171 000 speziellen Bildungsangeboten teil. Moderne Tiergärten verstehen sich zunehmend als Kompetenzzentrum und Informationsquelle für Fragen zu lebenden Tieren und ihrer Rolle in der Natur.

Im Bereich der **Forschung** leisteten Zoos schon ab Beginn des 19. Jahrhunderts wichtige Beiträge, zum Beispiel durch wissenschaftliche Erstbeschreibungen zahlreicher Tierarten. Heutige Zoos pflegen meist eine enge Zusammenarbeit mit Universitäten und weiteren wissenschaftlichen Einrichtungen. Auch gibt es oftmals eigens für den Bereich der Forschung angestelltes Personal in Zoos, meist mit einem biologischen Hochschulabschluss, welches mit eigenen Projekten zum Wissensgewinn über Zootiere beiträgt, aber auch externe Wissenschaftler bei ihren Forschungstätigkeiten begleitet und unterstützt. Zwischen 2008 und 2018 wurden mithilfe von wissenschaftlich geführten Zoos im deutschsprachigen Raum mehr als 1000 Forschungsstudien durchgeführt und veröffentlicht.

Zoos tragen auch eine Verantwortung für den **Naturschutz**. Jährlich investieren die wissenschaftlich organisierten Zoos allein im deutschsprachigen Raum knapp 8 Millionen Euro für 170 nationale und internationale Natur- und Artenschutzprojekte in 61 Ländern und engagieren sich zudem mit Personal, Expertenwissen und Sachspenden. Schließlich leisten Zoos auch durch sogenannte Erhaltungszuchten für bedrohte Arten einen wichtigen Beitrag zum Artenschutz: Bis heute konnten 14 in der Wildbahn vollständig und über 200 regional ausgestorbene Arten aus Zoobeständen wiederangesiedelt werden.

Die Aufgaben von modernen Zoos

Ein wesentliches Ziel von tiergärtnerischen Einrichtungen sollte sein, Menschen für einen bedarfsgerechten Umgang mit Tieren zu sensibilisieren und ein realistisches Tierbild zu vermitteln. Aufbauend auf einem Studium der Bedürfnisse, geleitet von der Frage «was braucht das Individuum, was braucht die Art, um ein bedürfnisgerechtes Leben zu führen», sollten zeitgemäße Tiergärten den Besuchern aufzeigen, was ein Tier benötigt. Um dieses Bewusstsein zu schaffen, muss der Besucher eine Art im Zoo möglichst tiefgreifend «kennen»lernen, das Tier nachhaltig erleben und ihm auf Augenhöhe begegnen können. Getreu des auf Konrad Lorenz zurückgehende Motto «Der Mensch wird nur schützen, was er liebt. Und er wird nur lieben, was er kennt» ist es die elementare Aufgabe und Pflicht von Zoos, die gesamte Biologie des Tieres den Menschen auf mehreren Wegen nahezubringen und damit gleichzeitig die Bedürfnisse einer Art sowie des Individuums selbst zu vermitteln.

Tiergerechte Haltung

Im Mittelpunkt sollte dabei immer eine Tierhaltung stehen, die das Wohlergehen des Individuums ins Zentrum rückt. Hierzu gehört weit mehr als eine große Bewegungsfläche, die Befriedigung des Sicherheitsbedürfnisses eines Tieres oder die bestmögliche veterinärmedizinische Betreuung. Es geht um Rückzugsmöglichkeiten und Ruheplätze, um die Wahlmöglichkeiten zum Beispiel beim Aufenthaltsort (Innen- oder Außenanlage), um eine bedarfsgerechte und abwechslungsreiche Fütterung sowie um eine einfallsreiche Beschäftigung. Für das Wohlergehen des Individuums ist auch die Berücksichtigung der Sozialstruktur wichtig, also das soziale Gefüge (Einzelgänger, Familien oder Herdenverband etc.), in dem eine Art lebt. Einzelgänger sollten solitär gehalten oder ihnen zumindest stets Rückzugsmöglichkeiten geboten werden – bestes Beispiel dafür sind Tiger. Arten, die in Familienstrukturen leben, sollte dies auch in Zoos ermöglicht werden. Beim asiatischen Elefanten bedeutet diese Form der Haltung, dass weibliche Tiere einer Linie, zum Beispiel Mutter und Tochter, in einer Herde verbleiben. Tiere, die in größeren Gruppen leben wie viele Huftiere, brauchen das Herdenleben, unter anderem, um ihr Sicherheitsbedürfnis zu stillen. Neben der Sozialstruktur ist auch eine bedarfsgerechte und, wenn möglich, wissensvermittelnde Gehegegestaltung von großer Bedeutung. Das Tier muss die Gelegenheit erhalten, sein arttypisches Verhalten auszuleben, wobei der Besucher gleichzeitig etwas über das Tier lernt. So können Erdmännchen beim Buddeln im Sand oder Leoparden beim Ruhen auf einem erhöhten und geschützten Platz beobachtet werden – Verhaltensweisen, die die Tiere auch in der Natur zeigen. Eine für den Besucher auch optisch ansprechende Gestaltung eines Geheges ist insofern wichtig, als sie von Respekt gegenüber dem Individuum in menschlicher Obhut zeugt und beim Besucher im besten Fall ein Gefühl von Ehrfurcht auslöst.

Das Bewusstsein der Menschen für die arttypischen und auch individuellen Bedürfnisse eines Tieres hat sich speziell in den letzten Jahrzehnten noch einmal geschärft. Die Herausforderung aller Zoos ist es, sämtliche oben benannte Punkte für jede gehaltene Art und jedes Individuum in die Praxis umzusetzen.

Artenschutz vor Ort

Die in Zoos gehaltenen Tiere mit all ihren Bedürfnissen sind stets auch Botschafter ihrer gefährdeten Artgenossen in freier Wildbahn. Um das Überleben vieler gegenwärtig bereits vom Aussterben bedrohter Arten zu sichern, müssen vor allem ihre angestammten Lebensräume erhalten werden (*in-situ*-Schutz). Nur dort, wo noch geeignete Habitate für eine Art existieren, kann diese auch langfristig überleben oder wieder angesiedelt werden. Im Rahmen der 1993 von internationalen Fachleuten verfassten «Weltzoonaturschutzstrategie» haben sich die wissenschaftlich geführten Zoos als übergeordnetes Ziel den Erhalt der natürlichen Vielfalt gesetzt. Sie haben sich weltweit freiwillig dazu verpflichtet, zum Schutz der Tiere in ihrer Obhut und dem Erhalt ihrer angestammten Lebensräume beizutragen. Immer mehr zoologische Gärten kooperieren mit Artenschutzverbänden wie dem WWF, dem NABU oder der IUCN und arbeiten in den natürlichen Verbreitungsgebieten oder sammeln Spenden, mit denen sie Artenschutzprojekte unterstützen.

Ein erfolgreiches *in-situ*-Schutzprojekt ist das Angkor Centre for Conservation of Biodiversity (ACCB) in der Nähe der berühmten Tempelanlagen von Angkor Wat in Kambodscha. Der Projektträger Allwetterzoo Münster und seine Partnerorganisation Zoologische Gesellschaft für Arten- und Populationsschutz (ZGAP) verfügen über langjährige Erfahrung in Indochina. Auf dem 38 Hektar großen Gelände ist ein fast 40-köpfiges Team von überwiegend einheimischen Mitarbeitern für eine gezielte Erhaltungszucht dort heimischer bedrohter Arten verantwortlich. Gleichzeitig ist das ACCB auch eine Annahme- und Pflegestelle für beschlagnahmte und verletzt aufgefundene Wildtiere, Umweltbildungsstätte für die lokale Bevölkerung und eine wichtige Biodiversitäts-

und Artenschutzforschungseinrichtung. Es bleibt zu hoffen, dass alle Zoos sich zukünftig in dieser Art von Naturschutzprojekten engagieren.

Zoos als «Arche» für bedrohte Arten

Zoos leisten aber einen weiteren, essenziellen Beitrag zum Artenschutz. Um Tiere in einer Zeit nach dem Verlust von Lebensraum und der Dezimierung oder gar Ausrottung einer Art wieder in ihrem ursprünglichen Habitat ansiedeln zu können, braucht es erfolgreiche Nachzuchten auch außerhalb der natürlichen Lebensräume (*ex-situ*-Erhaltungszucht). Bei dieser Aufgabe hilft Zoos, dass sie untereinander vernetzt und in Verbänden organisiert sind, darunter der Verband der Zoologischen Gärten (VdZ) und der Weltzooverband (WAZA), in dem mehr als 1000 Zoos und Aquarien weltweit vereinigt sind. Ihr Ziel ist die globale Zusammenarbeit zoologischer Gärten und Aquarien hinsichtlich der Haltung und Zucht von Tieren, aber auch im Naturschutz.

Auf europäischer Ebene sind Zoos und Aquarien in der European Association of Zoos and Aquaria (EAZA) organisiert, die inzwischen über 300 Zoos, Aquarien und Zooverbände aus 35 Ländern in Europa und Nahost umfasst. Eine der Hauptaktivitäten der EAZA sind die Europäischen Erhaltungszuchtprogramme (EAZA *ex-situ*-Programme, EEP), zooübergreifende Projekte zur gezielten und koordinierten Zucht von in Zoos gehaltenen Tierarten. Diese Erhaltungszuchtprogramme erfordern ein aufwendiges Populationsmanagement. Jeweils ein Koordinator aus einem EAZA-Zoo übernimmt mithilfe einer international zusammengesetzten Artkommission diese verantwortungsvolle und wichtige Aufgabe. Das Ziel ist, bei bedrohten Tierarten eine möglichst große genetische

Variabilität über einen Zeitraum von mindestens hundert Jahren zu erhalten. Hierbei helfen Zuchtbücher, in denen alle Tiere einer Population mit ihrem Geschlecht und ihrem Geburtsdatum sowie sämtlichen Vorfahren erfasst sind. Derartige Zuchtprogramme gibt es auch auf anderen Kontinenten bis hin zu internationalen Zuchtprojekten (Global Species Management Program, GSMP).

Zunehmend wird bei der Planung und Durchführung von Maßnahmen zum Erhalt einer Art nicht mehr zwischen Freilandbestand (*in situ*) und Beständen in menschlicher Obhut (*ex situ*) unterschieden, sondern vielmehr die globale Gesamtpopulation als eine Einheit gemanagt (OPA = One Plan Approach to Conservation Planning). Dabei sind Experten verschiedener Felder und unter Einsatz aller verfügbarer Ressourcen beteiligt, mit dem Ziel, einen umfassenden Erhaltungsplan zu erstellen. Im Rahmen der *ex-situ*-Erhaltungszucht kommt den zoologischen Gärten hier eine immens wichtige Archefunktion zu: Sie hüten Tierarten und damit die wertvollen genetischen Schätze, deren Bestände in freier Wildbahn immer weiter zurückgehen oder sogar schon als ausgestorben gelten.

Mindestens 50 Tierarten wären weltweit bereits von der Erde verschwunden, hätten Zoos und ihre Partner sie nicht erfolgreich davor bewahrt. Allein in den Jahren 2018 und 2019 wurden von VdZ-Zoos weltweit über 3000 Tiere, meist in Schutzreservaten und unter einem fortwährenden Monitoring, ausgewildert. Prominentestes Beispiel einer gelungenen Nachzucht in Zoos und Wiederansiedlung in unseren Breitengraden ist der Wisent. Er ist das größte und schwerste heimische Landsäugetier und der letzte lebende Vertreter der Wildrinder europaweit. Das historische Verbreitungsgebiet der Wisente reichte einst über ganz Europa bis hin nach Sibirien, bevor die Tiere durch intensive Bejagung und fortschreitende Besiedlung ihres Lebensraums in der Natur ausgerottet wurden. Vor rund hundert Jahren wurde der letzte Wisent durch den Menschen im Freiland erlegt. Nur Dank weniger Individuen in der Obhut zoologischer Einrichtungen konnte diese Tierart vor dem endgültigen Aussterben gerettet werden. Heute gibt es insgesamt wieder mehr als 8500 Wisente. Knapp zwei Drittel von ihnen leben in ihrem angestammten Verbreitungsgebiet in freier Wildbahn und leisten in ihrem Lebensraum, dank ihres großen Nahrungsbedarfs und dem damit einhergehenden beachtlichen Einfluss auf die Vegetation, einen maßgeblichen Beitrag für den Erhalt der biologischen Vielfalt.

Wohlergehen und Arterhaltung im Konflikt

Aber Zoos sind, wie heute auch die natürlichen Lebensräume vieler Tiere, im Platz begrenzt. Dies führt dazu, dass der Tierschutz, der das Wohlergehen des einzelnen Individuums im Fokus hat, auch konträr zum Artenschutz laufen kann. Nämlich dann, wenn Zoos Entscheidungen treffen müssen, um die genetische Vielfalt einer Art zu erhalten. Eine mögliche Folge dieses sogenannten Populationsmanagements ist, dass ein Individuum, welches genetisch in der Population bereits überrepräsentiert ist, sein natürliches Bedürfnis nach Fortpflanzung und Jungenaufzucht nicht ausleben kann. Hier ist es im Sinne der Arterhaltung also notwendig, dass ein Zoo, in Absprache mit dem Zuchtbuchkoordinator, Maßnahmen trifft, um das Tier an der weiteren Reproduktion zu hindern, etwa durch Separation, Kastration oder hormonelle Verhütung. Nimmt man den Tieren die Möglichkeit der Fortpflanzung, kann es allerdings zu gesundheitlichen Problemen kommen: Nashörner etwa entwickeln Krankheiten im Geschlechtstrakt, wenn sie sich nicht früh fortpflanzen können, und bei Raubkatzen, etwa Leopardenweibchen oder Löwinnen, können durch die Gabe von Hormonpräparaten Krankheiten wie Krebs ausgelöst werden. Außerdem lernen viele Jungtiere erst durch Beobachtung der Elterntiere arttypisches Fortpflanzungsverhalten, sodass sie sich überhaupt erfolgreich verpaaren und ihre Jungen aufziehen können.

Eine weitere, aber zumindest in der Öffentlichkeit umstrittene Möglichkeit des Populationsmanagements ist das Töten von genetisch überrepräsentierten Tieren. Ein Individuum nur wegen seines Erbguts zu töten und dadurch Platz für einen genetisch wertvolleren Artgenossen zu schaffen, wie es zum Beispiel in skandinavischen Zoos gang und gäbe ist, ist aber in Deutschland rechtswidrig. Hier braucht es für die Tötung von Tieren nach derzeitiger Gesetzeslage einen «vernünftigen Grund», wozu der Erhalt der genetischen Vielfalt einer Art nicht gehört, sehr wohl aber das Verfüttern eines getöteten Tieres. Wenn ein Zoo also die Entscheidung trifft, ein gesundes Tier aus Populationsmanagementgründen zu töten, so muss er dieses anschließend verfüttern. Daher sind es in deutschen Zoos insbesondere die natürlichen Beutetiere, wie Zebras, Wasserböcke, Gnus oder Antilopen, die im Rahmen des Populationsmanagements getötet und dann an Raubtiere oder Greifvögel im Zoo verfüttert werden. Erlaubt wäre auch die Verfütterung einer jungen Giraffe oder eines Erdmännchens, viele Zoos fürchten aber die gesellschaftliche und durch die Medien häufig noch befeuerte Reaktion auf die Tötung eines beliebten Tieres. Wenn junge, gesunde und womöglich dazu noch seltene Tiere im Zoo getötet werden, prallen immer Emotionalität und Empathie auf die nüchternen Berechnungen zur Arterhaltung. Diesem Konflikt müssen sich Zoos stellen und in eine breite sowie offene Diskussion über Wohlergehen des Individuums versus Erhaltung einer Art eintreten.

Sensibilisieren, ohne zu vermenschlichen

Ein weiterer Weg, um die Bedürfnisse eines Tieres oder gar einer ganzen Art wirksam zu vermitteln und die Menschen für unsere Mitgeschöpfe und deren Schutz zu sensibilisieren, ist das Erzählen der persönlichen Geschichte eines Individuums. Wir erinnern uns: «Der Mensch wird nur schützen, was er liebt. Und er wird nur lieben, was er kennt.» Bestes Beispiel in Deutschland dafür ist der Eisbär «Knut» des Zoologischen Gartens Berlin. Die Geschichte von Knut war ein globales Medienphänomen: Am 5. Dezember 2006 wurden in Berlins Zoo Eisbärenzwillinge geboren. Die Mutter verstieß jedoch ihren Nachwuchs. Ein Jungtier starb nach vier Tagen, das andere überlebte im Brutkasten und wurde fortan unter den Augen der stetig wachsenden Fangemeinde von einem Tierpfleger liebevoll und öffentlichkeitswirksam aufgezogen. Am 19. März 2011 starb der wohl beliebteste Eisbär der Welt. Seitdem kommen Eisbärfans aus allen Teilen der Erde zum gemeinsamen Gedenken an Knuts Geburtstag nach Berlin. Zum ersten Todestag von Knut am 19. März 2012 erschien sogar eine Gedenkmünze im Wert von zehn Euro. Dies zeigt: Mittels der Erzählung der persönlichen Geschichte eines Tieres erreichen Zoos viele Menschen auf einer emotionalen Ebene. An diesem Punkt kann das Individuum Botschafter für seine wild lebenden Verwandten werden und die Menschen für deren meist schutzbedürftige Existenz sensibilisieren. Bei einer entsprechenden Vermarktung der persönlichen Geschichte können Zoos auch wirtschaftlich profitieren. Und an dieser Stelle geht es nicht um einen monetären Gewinn, sondern um finanzielle Mittel, die entweder vor Ort im Zoo für Verbesserungen zum Tierwohl oder den Ausbau des Bildungsangebotes eingesetzt werden können oder direkt für *in-situ*-Artenschutzprojekte zur Verfügung stehen.

Bei der Emotionalisierung, also dem Versuch, bei den Besuchern positive Emotionen durch das Beobachten und Kennenlernen eines Individuums hervorzurufen, sollten Zoos bei allen Vorteilen aber dennoch besondere Vorsicht walten lassen. Eine Emotionalisierung führt nämlich nicht nur zu einer Intensivierung der Beziehung zwischen Mensch und Tier, sondern birgt auch die Gefahr des Sentimentalisierens und der Vermenschlichung und damit der unsachlichen Bewertung von Situationen. Bestes Beispiel ist das oben bereits erwähnte Schlachten und Verfüttern von Zootieren. Kennt der Zoobesucher die persönliche Geschichte des zu schlachtenden Tieres und hat es dann womöglich auch noch einen Namen, ist also für den Besucher ein individuelles, fühlendes Mitgeschöpf, dann reagiert er auf die Tötung dieses ihm vertrauten Individuums deutlich emotionaler als auf die Tötung eines ihm unbekannten Tieres. Hier ist es die eminente Aufgabe von Zoos, die Besucher auf die Sachebene zurückzuführen und ihnen die Ambivalenz ihres Denkens aufzuzeigen. Generell sollten Zoos der Sentimentalisierung der Natur im Ganzen entgegenwirken und gleichzeitig für das Wohlergehen des Individuums sensibilisieren. Dabei gilt ein ständiges Abwägen: Emotional berühren, ohne zu vermenschlichen. Sachlich orientiert aufklären, ohne Distanz aufkommen zu lassen.

Fazit und Ausblick

Mag die persönliche Motivation zum Zoobesuch von Menschen auch in erster Linie Erholung sein, so sind Tiergärten doch auch Orte der Meinungsbildung. Kaum eine andere kulturelle Institution erreicht so viele Menschen. Zoos müssen zukünftig vermehrt diese Bühne nutzen – auch für polarisierende und komplexe Themen, wie das Töten von Tieren aus Populationsmanagementgründen. Sie sollten aufklären, über die Bedürfnisse des Individuums und der Art sowie über den Verlust von Naturräumen und biologischer Vielfalt. Durch eine optimale sowie respektvolle Haltung der Tiere, gepaart mit einer gelungenen Vermittlung von Wissen, müssen Zoos eine Sensibilisierung der Menschen für ihre Mitgeschöpfe und deren Lebensraum erreichen. Auch das Thema Tierwohl sollte durch Zoos noch intensiver wissenschaftlich begleitet und den Menschen verständlich nahegebracht werden. Als kompetenter Ansprechpartner und Ort der Meinungsbildung sollten Zoos die Besucher zur fundierten Teilnahme an der gesellschaftlichen Diskussion um Klima-, Natur-, Arten- und Tierschutz befähigen (vgl. den Beitrag von Michael Quante).

Unabdingbar ist zudem, stets das eigene Handeln selbstkritisch zu hinterfragen. So sollte ein Zoo auch bereit sein, unpopuläre Entscheidungen zu treffen, zum Beispiel die Abgabe eines beliebten Individuums zu Zuchtzwecken oder die Aufgabe der Haltung einer Tierart aufgrund von Managementproblemen, selbst wenn es zu Kritik aus der Bevölkerung kommt. Auch Beschwerden durch Zoobesucher, sie hätten bestimmte Tiere in ihren Anlagen nicht finden können, muss ein Zoo im Sinne des Tierwohls – hier die Rückzugsmöglichkeit des Individuums – aushalten. Heute geht es nicht mehr um die Präsentation oder den reinen Unterhaltungswert eines Tieres für den Menschen, nicht mehr um die «Konsumierung» von möglichst vielen, exotischen Arten, sondern im Idealfall «besucht» der Mensch das Tier in seinem Zuhause in menschlicher Obhut. Denn jeder moderne Zoo sollte in erster Linie eines sein: ein Begegnungsort von Menschen und Tieren auf Augenhöhe.

Empfohlene Literatur:

Darwin, C. R., The Expression of the Emotions in Man and Animals. London, John Murray, 1872.

Hediger, H., Wildtiere in Gefangenschaft. Ein Grundriss der Tiergartenbiologie. Mit einem Vorwort von Portmann. Basel, Benno Schwabe & Co, 1942.

Sachser, N., Der Mensch im Tier. Warum Tiere uns im Denken, Fühlen und Verhalten oft so ähnlich sind. Rowohlt, Reinbek bei Hamburg, 2018.

Verband der Zoologischen Gärten. 2021: Tiere erleben – Biologische Vielfalt erhalten. https://www.vdz-zoos.org/fileadmin/Materialien/VdZ-Imagebroschuere_2021.pdf

Zimmerman, A., Hatchwell, M., Dickie, L., West, C., Zoos in the 21st Century: Catalysts for Conservation? Cambridge University Press, Cambridge, 2007.

RAINER HAGENCORD

KOMMT STROLCHI IN DEN HIMMEL?

Zum Projekt der Theologischen Zoologie

Die Frage ist alles andere als lapidar: «Kommt Strolchi jetzt in den Himmel?» In der Seele eines Kindes, in dem der kleine Dackel dieses Namens womöglich eine wesentliche Rolle gespielt hat, kann eine schroffe Antwort tiefen Schaden anrichten. Fällt die Antwort allerdings so aus, dass in ihr das Staunen über die tiefe Vertrautheit von Mensch und Tier zum Ausdruck kommt und somit eine Hoffnung auch über den Tod hinaus, kehrt Trost ein in das Herz aller Beteiligten.

Wie oft war der Vierbeiner womöglich erster Ansprechpartner und zuverlässiger Partner; immer präsent, ehrlich und voller Emotionen. Der Hund als vollwertiges Mitglied der Familie mit seiner sehr besonderen Rolle. Und auch am Ende des eigenen Lebens ist ein Tier möglicherweise der letzte Trost in einer immer größer werdenden Einsamkeit älterer Menschen.

Wenn sich also schon im Leben eine Beziehung bildet, welche die Signatur des Beseelt-Seins trägt, so kann auch angesichts des Todes einer Hoffnung Raum gegeben werden. Dass es überhaupt Leben gibt, bringt auch naturwissenschaftlich geprägte Menschen immer wieder oder sogar immer mehr ins Staunen. Eine Haltung, die stärker wird, je mehr sie wissen. Und dass das Leben sich in der Fülle der Lebewesen ständig neu entfaltet und sich zudem in ständigem Austausch und Kommunikation befindet, ist letztlich nicht zu fassen. Das Staunen auf der einen und das Erschrecken auf der anderen Seite stellen zwei Grunderfahrungen des Menschen dar, die seit jeher so etwas wie die Einfallstore einer Spiritualität darstellen.

Die Erkenntnisse der modernen Verhaltensbiologie haben in den vergangenen Jahren wesentlich dazu beigetragen, dualistische Konzepte infrage zu stellen, übersetzen sie doch auf der einen Seite das Evolutionsparadigma, wonach die Unterschiede zwischen Mensch und Tier letztlich gradueller Natur sind: Ein Graben, vor dem auf der einen Seite *Homo sapiens* thront und auf der anderen Seite die anderen Lebensformen, existiert nicht.

Auf der anderen Seite dokumentieren Forscher*innen, dass nichts im Menschen wirksam sein kann, was sich nicht zumindest als Vorform im Leben der Mehr-als-menschlichen-Welt als wirksam erwiesen hat und sich erweist: Emotionalität und Bewusstheit, Lernen und Kommunikation (vgl. die Beiträge von Norbert Sachser sowie Sylvia Kaiser und Helene Richter).

Der Literaturnobelpreisträger Elias Canetti beschreibt die Situation: «Mit zunehmender Erkenntnis werden die Tiere den Menschen immer näher sein. Wenn sie dann wieder so nahe sind, wie in den ältesten Mythen, wird es kaum mehr Tiere geben.»

Es wird Zeit angesichts des dramatischen Artensterbens und der gnadenlosen Ausbeutung der sogenannten Nutztiere, diese Erkenntnisse zu sichten und die Weisheit von Jahrtausende alten Mythen und Glaubensüberzeugungen zu heben. Eine anthropozentrische Theologie, die die göttliche Wirklichkeit lediglich auf den Menschen bezieht, hat nicht nur die Tiere, sondern die gesamte natürliche Mit-Welt des Menschen unterschätzt und wesentlich zu ihrer Entwertung und Ausbeutung beigetragen.

Die theologische Wert-Schätzung der Tiere

Der Begriff der Theologischen Zoologie wurde analog zur theologischen Anthropologie gebildet. Er soll die theologische Reflexion über den Menschen um eine exegetisch und systematisch begründete Verhältnisbestimmung zum Tier ergänzen.

Zudem wird das Tier in seinem Eigenwert und mitsamt der Wertschätzung betrachtet, die in vielen biblischen Texten zum Ausdruck kommt.

Bereits die Begrifflichkeit legt nahe, dass es sich bei der Theologischen Zoologie um ein interdisziplinäres Projekt handelt, das neben naturwissenschaftlichen, insbesondere verhaltens- und evolutionsbiologischen Aspekten, auch genuin geisteswissenschaftliche Sichtweisen sowie Deutungen und Interpretationen dieser Erkenntnisse einschließt. Das Projekt einer «Theologie mit dem Gesicht zum Tier» ist eng mit der Gründung des Instituts für Theologische Zoologie in Münster verknüpft, das unter Schirmherrschaft der bedeutenden Verhaltensforscherin und Umweltaktivistin Jane Goodall steht.

Die Theologische Zoologie teilt Gemeinsamkeiten mit den Anliegen der philosophisch-säkularen Tierethik (vgl. den Beitrag von Ursula Wolf) und weist zugleich aber über diese hinaus. Sie will nicht nur ethische Fragen des verantwortungsvollen Umgangs des Menschen mit Tieren und der Schöpfung als Ganzem thematisieren, sondern die Bedeutung klären, die das Verhältnis des Menschen zu den Tieren für sein Selbstverständnis als Mensch hat – auch und gerade dann, wenn Menschen als spirituelle Wesen mit einem bewussten Verhältnis zu Gott verstanden werden.

Das Thema «Tiere und Schöpfung» erweist sich dabei als keinesfalls theologisch unwesentlich, wie schon ein kurzer Blick auf den Theologen und Kirchenlehrer Thomas von Aquin zeigt: «Ein

Irrtum über die Geschöpfe mündet in ein falsches Wissen über Gott und führt den Geist des Menschen von Gott fort.»

Wenn dies zutrifft, dann würde die Ausblendung der Tiere aus der Theologie zu einem falschen Gottesbild führen und den Schöpfungsbegriff verfälschen. Angesichts des Tieres scheint sich insofern zu entscheiden, was der Mensch sein will, was er tun soll und auf welchen Gott er sich beruft. Nach jüdisch-christlicher Überzeugung wird das Wesen des Menschen zwar nicht in Bezug auf das Tier bestimmt, und Gott hat sich auch nicht in der Gestalt eines Tieres offenbart; dennoch kann der Mensch nach Auskunft der biblischen Überlieferungen im Blick auf seine Mitgeschöpfe zu einem – auch theologisch – profunderen Selbst-Verständnis gelangen.

Exegetische Bezugspunkte

Eine wichtige Zielsetzung der exegetischen Bemühungen der Theologischen Zoologie besteht darin, die Tiere ausgehend von der Zentralität der Schöpfungserzählungen als Bündnispartner Gottes und Gefährten des Menschen herauszustellen und aufzuzeigen, dass Tiere in den großen Themen «Schöpfung», «Bund», «Erlösung», «Theodizee» und «Eschatologie» (vgl. z. B. Genesis 1. 2; 9,1–17; Numeri 22,21–35; Ijob 38. 39; Jesaja 11,1–11; Markus-Evangelium 1,13; 16,15) ihren Platz haben.

Um eine gründliche Re-Lektüre biblischer Texte geht es also, und dies auch in der Tradition befreiungstheologischer, öko-theologischer und feministischer Vorgehensweisen. Diese lesen die Texte als Dokumente einer klaren Option für die Armen einerseits und Überwindung aller unangemessenen und entwürdigenden Dualismen andererseits. Auf der Grundlage einer historisch-kritischen Lesart gilt es, die Texte zu würdigen als Erzählungen und Reflexionen einer Gott-suchenden Gemeinschaft. Diese suchte Antworten auf die grundlegenden Fragen:

Wie verstehen wir uns als Menschen? (Anthropologie).

Wie wollen wir leben? (Ethik)

Und an welchen Gott wollen wir glauben? (Theologie)

Sie unternahm dies – im Gegensatz zu uns Heutigen – immer auch mit dem Blick auf die natürliche Mit-Welt.

Das Leben in einer agrarischen Kultur, in der die Tiere weder versachlicht noch romantisiert werden, liefert die Grundlagen dieser Theologie. Zudem die Auseinandersetzung mit angrenzenden Kulturen, in denen Tiere oftmals als Götter verehrt werden.

Von besonderer Bedeutung sind hierbei die Schöpfungserzählungen. Im Buch Genesis sind zwei Schöpfungsmythen überliefert. Im ersten Mythos wird die Schöpfung als Sieben-Tage-Werk dargestellt. Mensch und Tier werden gemeinsam am sechsten Tag geschaffen. Höhepunkt und Krone dieses Schöpfungsaktes ist der siebte, der Ruhetag, nicht der Mensch. Die Tiere sind zudem die Zuerstgesegneten und tragen denselben Lebensatem in sich wie der Mensch. Sowohl Mensch als auch Tier sind zudem aus Erde geformt. Der ideale vorsintflutliche Zustand verbietet es den Menschen und sogar den Tieren, Fleisch zu essen. Die exponierte Sonderstellung des Menschen, die mit dem Begriff der Gottebenbildlichkeit einhergeht, wird in diesem Text durch den Begriff der Verantwortung eingehegt: Der Wortherkunft nach sind mit ‹Abbildern› heilbringende Statuen oder das Leitbild eines gütig und weise herrschenden Königs gemeint.

Auch im zweiten Schöpfungsmythos, in dem die Geschichte von Adam und Eva im Garten Eden erzählt wird, spielen die Tiere eine zentrale Rolle. Das Verhältnis des Menschen zum Tier in dieser Erzählung trägt die Signatur der innigen Gefährtenschaft.

Noch bevor Eva auftaucht, werden die Tiere dem Erdling Adam zur Gesellschaft gegeben. Dieser soll sie benennen, d.h. sich zu ihnen in Beziehung setzen. Hierdurch macht er sich mit ihnen vertraut und eignet sich Erfahrungswissen über die Natur an, deren rechte Ordnung in seiner Verantwortung liegt.

Die deutliche Anlehnung des Begriffs «Animal» (Englisch: Tier) an den Begriff «Anima» (Lateinisch: Seele) ist ein beredtes Beispiel für ein tiefes Wissen, in dem das Innere des Menschen in der Vielfalt des Lebendigen abgebildet ist. Also kein dualistisches Konzept, in dem lediglich einem Lebewesen so etwas wie ein Zusatzorgan (die Seele) eingepflanzt wird.

Genesis 3–11 thematisiert grundsätzliche Risse und Konflikte in der Schöpfung. Auch hier trägt die Theologische Zoologie zu bemerkenswerten Einsichten bei. Dies gilt nicht nur für die Beobachtung, dass die Tiere, anders als der Mensch, nicht aus dem Paradies vertrieben wurden.

Auch der Herrschaftsauftrag an den Menschen, das *dominium terrae* («Macht Euch die Erde untertan!») bedarf einer näheren Betrachtung. Unterwerfen bedeutet im Hebräischen nämlich «seinen Fuß auf etwas setzen». Diese Haltung war mit der Inbesitznahme und damit zugleich mit der Verantwortungsübernahme für ein Stück Land gegenüber einem Lehnsgeber verbunden. Verantwortung bestand darin, das Land sorgsam zu pflegen, damit es dem Lehnsgeber wohlbestellt wieder zurückgegeben werden konnte.

Eines zweiten Blickes bedarf aus der Perspektive der Theologischen Zoologie auch die Geschichte Noahs und seiner Arche. Die Tiere werden gemeinsam aus der Arche gerettet, sitzen also sprichwörtlich im selben Boot. Eine agrarische Kultur weiß zudem, dass es zum Überleben aller Tiere bedarf: Von jeder Art ein Paar! Da ist nicht die Rede davon, lediglich die Nützlichen und die Niedlichen mitzunehmen. Menschliche Ästhetik und Nützlichkeitsdenken spielen in einem dezidiert nichtanthropozentrischen Weltbild nur eine untergeordnete Rolle. Auch die Tiere sind Bündnispartner Gottes, verfügen über einen Eigenwert und sind nicht um des Menschen willen da. Und sie verfügen über ein eigenes Verhältnis zum Schöpfer!

Abwesenheit des Tieres

Zu einer der Grundannahmen der Theologischen Zoologie zählt der Befund, dass die klassische Auslegungstradition in der westlichen (christlichen) Theologie durch eine «Schöpfungsvergessenheit» gekennzeichnet ist. Die Welt der Tiere ist für sie schlicht und ergreifend irrelevant.

Die herkömmliche theologische Anthropologie ist, wie inzwischen häufig kritisiert, durch ein «Exklusivitätspathos» und einen «Heilsegoismus» des Menschen gekennzeichnet, der zu einer «Aushungerung» der Schöpfungstheologie geführt hat. Nur sehr selten wird dem Tier oder der Gott- / Mensch-Tier-Beziehung ein eigener Abschnitt gewidmet. Das Tier stellt ein theologisches Randthema dar und scheint allenfalls gelegentlich einer Erwähnung wert. Dies ist auch insofern erstaunlich, als es in der Hebräischen Bibel genügend Stoff gäbe: Es dürfte etwas überspitzt formuliert auf ihren rund 1000 Seiten kaum eine geben, auf der nicht in irgendeinem Zusammenhang Tiere erwähnt werden. Das gilt ähnlich auch in Bezug auf das Gott-Tier-Verhältnis, für das nicht nur die Schöpfungstexte, sondern ebenso Texte über tiergestaltige Götterbilder (das «goldene Kalb» etwa) oder die zahlreichen Tiervergleiche und Metaphern ergiebig sind. Für diese Abwesenheit des Tieres in der Theologie lässt sich eine Reihe von Gründen finden. Eine entscheidende Rolle spielt dabei zum einen der sowohl die Philosophie als auch die Theologie beherrschende Anthropozentrismus; zum anderen besitzt selbst das größere Thema der Schöpfungstheologie innerhalb der ersttestamentlichen Glaubenswelt in der Sicht der westlichen theologischen Tradition offenbar «kein theologisches Eigengewicht».

Der Bibelwissenschaftler Walter Zimmerli hat die Tatsache, dass in seinem «Grundriß der alttestamentlichen Theologie» das Thema Schöpfung erst im vierten Abschnitt zur Sprache kommt, so erklärt: «Es mag auffallen, daß der Abschnitt über Jahwe, den Schöpfer der Welt, nicht an den Anfang gestellt worden ist. [...] Es ist aber schwerlich zu übersehen, daß in der Aussage des AT die in der Mitte der Geschichte geschehene ‹Herausführung Israels aus Ägypten› der primäre Orientierungspunkt ist.»

Die daraus resultierende Relativierung der biblischen Schöpfungstheologie führt letztlich zum Verlust der universalen Dimension der biblischen Botschaft. Dies kann insofern als tragisch bezeichnet werden, als gerade die weisheitlichen Texte dazu einladen, die Schöpfungsbotschaft als Lebensweise zu hören und anzunehmen. Der biblische Mensch hatte keine Hemmungen, sich innerhalb dieses theologischen Rahmens auf die jeweils konkreten Repräsentanten dieser Weisheit einzulassen, nämlich die Tiere:

Die Tierwelt ist ein herrlicher Kosmos von Gestalten, Gebärden, Lauten, Verhaltensweisen, Farben, Bildern und Geschichten, in dem der Mensch seit jeher auch zum Bewusstsein seiner selbst gekommen ist. Die großen Tiertexte der Bibel haben diesen Schatz sorgsam gehütet und um immer neue Varianten bereichert. In der Begegnung mit dem Tier erfuhr Israel das Rätsel des Lebens nicht nur in seiner schillernden Buntheit, sondern auch in seiner zwingenden Mächtigkeit. Dieser Faszination hat es sich beobachtend, erkennend und deutend ausgeliefert und davon auch sein theologisches Nachdenken inspirieren lassen.

Laudato Si: Das Tier in neueren Verlautbarungen des kirchlichen Lehramtes

Die Theologische Zoologie stellt insofern einen Bruch mit der klassischen exegetischen Tradition dar, in der das Tier so gut wie keine Rolle spielt. Gleichzeitig schließt die Theologische Zoologie in Teilen aber an neuere Verlautbarungen des kirchlichen Lehramtes der katholischen Kirche an. Nachdem die nichtmenschliche Schöpfung jahrhundertelang für den überwiegenden Teil der christlich-theologischen Tradition kaum ein Thema war, zeichnet sich inzwischen ein Umdenken ab. Dies gilt insbesondere für die Enzyklika *Laudato Si* von Papst Franziskus aus dem Jahr 2015. Der Papst verbindet in diesem Text in überzeugender Weise ökologisches Wissen mit theologisch-spiritueller Kompetenz: «Da alle Geschöpfe miteinander verbunden sind, muss jedes mit Liebe und Bewunderung gewürdigt werden, und alle sind wir aufeinander angewiesen. Jedes Hoheitsgebiet trägt eine Verantwortung für die Pflege dieser Familie.»

Laudato Si spricht nicht nur vom Eigenwert eines jeden Geschöpfes, sondern erteilt auch einem – vermeintlich biblisch zu begründenden – Anthropozentrismus eine Abfuhr: «Der letzte Zweck der anderen Geschöpfe sind nicht wir. Doch alle gehen mit uns und durch uns voran auf das gemeinsame Ziel zu, das Gott ist, in einer transzendenten Fülle, wo der auferstandene Christus alles umgreift und erleuchtet. Denn der Mensch, der mit Intelligenz und Liebe begabt ist und durch die Fülle Christi angezogen wird, ist berufen, alle Geschöpfe zu ihrem Schöpfer zurückzuführen.»

Die theologische Argumentation des Papstes trifft sich hier mit Einsichten der Naturwissenschaften in das Eigenleben der Schöpfung. Mit seinem Lehrschreiben wendet Papst Franziskus den Blick unserer «Schwester» zu, der Erde, die «aufschreit wegen des

Schadens, den wir ihr aufgrund des unverantwortlichen Gebrauchs und des Missbrauchs der Güter zufügen, die Gott in sie hineingelegt hat». Er weiß, dass wir «in dem Gedanken aufgewachsen sind, dass wir ihre Eigentümer und Herrscher seien, berechtigt, sie auszuplündern» und konfrontiert dies mit dem zentralen Gedanken des Römerbriefes, dass die gesamte Schöpfung auf ihre Erlösung wartet.

Innerhalb der herkömmlichen Theologie kann eine doppelte Reduzierung festgestellt werden: Zunächst wird ausschließlich von der Erlösung des Menschen gesprochen. Die Mehr-als-menschliche-Welt wird infolgedessen zur Kulisse reduziert. Und innerhalb dieses Sprachspiels ist es dann im Lauf der Theologiegeschichte noch einmal zu einer Reduktion gekommen: Im Mittelpunkt steht mehr und mehr «das unsterbliche Heil der menschlichen Seele». Dies fördert einen Dualismus, demzufolge die Natur als seelenlos markiert und abgewertet wurde, letztlich zur Reduktion von Tieren, Pflanzen, ja der gesamten natürlichen Mit-Welt des Menschen auf ein Ressourcenlager für die Industrienationen.

Nach *Laudato Si* geht es darum, dass die Kirche von Naturwissenschaften lernen kann, sich in eine Auseinandersetzung auf Augenhöhe einzulassen; dass zuerst Argumente gelten anstatt Gehorsam gegenüber der kirchlichen Autorität. Franziskus folgt damit dem Zweiten Vatikanischen Konzil und seiner neuen Weltsicht in dem Erlass *Gaudium et Spes* (Freude und Hoffnung); denn «neue Forschungen und Ergebnisse der Naturwissenschaften stellen neue Fragen, die für das Leben Konsequenzen haben und auch von den Theologen neue Untersuchungen verlangen».

Der Kontrast zum Fall Galileo kann nicht stärker sein; denn damals hat die Kirche das neue naturwissenschaftlich gestützte Weltbild abgelehnt. Die Folgen sind bekannt.

Der Papst verabschiedet somit letztlich den Absolutheitsanspruch der kirchlichen Lehre!

Das Mensch-Tier-Gott-Verhältnis

Im Rahmen einer Mensch-Tier-Gott-Verhältnisbestimmung lassen sich drei Dimensionen ausmachen, die von der Theologischen Zoologie thematisiert werden: die ethische Dimension, eine partnerschaftliche Positionierung zum Tier und schließlich eine mystische Überschreitung über die Schöpfung hinaus zu Gott.

Verantwortung und Mitleid

In der Verhältnisbestimmung zwischen Mensch und Tier kommt dem tierethischen Diskurs eine zentrale Rolle zu, da dieser biblisch tief verwurzelt ist. Den biblischen Autoren geht es freilich nicht nur um den verantwortungsvollen Umgang des Menschen mit den Tieren. Im Tier erkennt der Mensch gewissermaßen das «ganz Andere», zugleich aber auch das «ganz Vertraute». Die Reaktion auf diese Erkenntnis kann die Form des Mitleidens annehmen. Dies ist ein wesentlicher Bestandteil einer Theologie, in deren Mittelpunkt nicht das Seelenheil des Menschen, sondern das Leiden der/des Anderen steht.

Das Tier als Du

Das Wesen des Tieres konfrontiert den Menschen darüber hinaus mit der Frage nach dem Eigenen. Damit eine echte Begegnung des Menschen auch mit einem Tier zustande kommt, ist es nicht erforderlich, das Gegenüber zu vermenschlichen. Im Geschöpf als solchem begegnet uns ein Du. Es kommt zu einer Begegnung, die einer rationalistischen Verkürzung dessen entgegenwirken kann, was In-Beziehung-Sein in seiner Tiefendimension meint und ausmacht. Ein Beispiel für diesen Gedanken findet man bei Martin Buber. Der bedeutende Religionsphilosoph schreibt: «Die Augen des Tiers haben das Vermögen einer großen Sprache. Selbständig, ohne einer Mitwirkung von Lauten und Gebärden zu bedürfen, am wortmächtigsten, wenn sie ganz in ihrem Blick ruhen, sprechen sie das Geheimnis in seiner naturhaften Einriegelung, das ist in der Bangigkeit des Werdens aus. Diesen Stand des Geheimnisses kennt nur das Tier, nur es kann ihn uns eröffnen.»

Das Tier stellt Fragen, seine Augen stellen den in den Blick Genommenen sogar existenziell infrage: «Diese Katze begann ihren Blick unbestreitbar damit, mich mit dem unter dem Anhauch meines Blicks aufglimmenden zu fragen: ‹Kann das sein, daß du mich meinst? Willst du wirklich nicht bloß, daß ich dir Späße vormache? Gehe ich dich an? Bin ich dir da? Bin ich da? Was ist das da von dir her? Was ist das da um mich her? Was ist das an mir? Was ist das?!›»

Mystik

Die Gedanken Bubers weisen eine Nähe auch zur deutschen Mystik auf. Dass das Tier gleichsam als «Prototyp» für eine Existenzweise in der Unmittelbarkeit Gottes steht und dem Menschen somit als Korrektiv und «Lehrmeister» auf dem Weg seines Erwachsen-Werdens zur Seite gestellt ist, ist eine Idee, die Meister Eckart nicht fremd wäre. Die drei Weisen der Natur-, Selbst- und Gottesmystik sind wesentlich in einer biblisch fundierten Spiritualität verwurzelt. Sie verbindet naturwissenschaftliche Erkenntnisse und theologische Aussagen über das Wesen des Menschen in der Natur. Tiere als die Geschöpfe, die das Paradies nie haben verlassen müssen, verkörpern für den Menschen eine Existenzweise in der Unmittelbarkeit Gottes, die weniger durch denkerische Leistungen als durch ein schlichtes, waches und letztlich selbstloses Leben im Hier und Jetzt erfahrbar werden kann.

Von der Mystik zu Jane Goodall

Jane Goodall war die erste Verhaltensforscherin, die 1964 publizierte, dass wild lebende Schimpansen Werkzeuge benutzen. Damals ging ein Aufruhr durch die Wissenschaft: Was trennt uns noch vom Tier? Heute wissen wir, dass auch Elstern den sogenannten Spiegeltest bestehen – sich selber im Spiegel erkennen also; und damit ist auch diese Abgrenzung, nur der Mensch verfüge über eine Selbstwahrnehmung, hinfällig. Die Verhaltensbiologie hat uns in besonderer und vielfältiger Weise gezeigt, wie nah Tiere dem Menschen im Denken, Fühlen und Handeln sind.

Es ist im Mai 1981, nach dem Tod ihres Mannes Derek, als Jane Goodall in den Nationalpark «Gombe» zurückkehrt. Eigentlich will sie diesmal die dort lebenden Schimpansen nicht beobachten, sondern nur ihre Gesellschaft genießen. Nach einem Gewitter sitzt sie an einem vertrauten Ort unter einer Palme im Regen. Sie sieht eine junge Schimpansenmutter, die sich vornübergebeugt hat, um ihr Kind zu schützen, ein junges Männchen, das sich im Nest dicht an sie drückt, und ein weiteres, das mit gebeugtem Rücken auf einem Ast kauert.

«Ich verlor jedes Zeitgefühl. Die Schimpansen und ich bildeten eine stille, klaglose Einheit.» So erzählt Jane Goodall in ihrer Biografie «Grund zur Hoffnung». Sie hat in dieser Situation eine sehr intensive, alles durchdringende spirituelle Erfahrung gemacht: «Mein Ich war nicht mehr da; die Schimpansen und ich, Erde, Bäume und der Himmel schienen miteinander zu verschmelzen und eins zu werden mit der geistigen Kraft des Lebens.»

Die Naturwissenschaftlerin, die sonst so nüchtern beobachtet und akribisch genau beschreibt, wagt eine Aussage, die sonst nur bei großen Mystikern zu finden ist. Erst der Chor der laut rufenden Schimpansen holt sie ins Alltagsbewusstsein zurück. Wenig später versucht Jane Goodall, für sich zu klären, was sich ereignet hat, und sie kommt zu dem Schluss, dass es viele Fenster gibt, um die Welt zu erkennen und um einen Sinn zu finden. Die westliche Wissenschaft habe ihr eines geöffnet, um in sorgfältigen Aufzeichnungen und kritischen Analysen die Welt der Schimpansen und ihr komplexes Sozialverhalten ein wenig zu erhellen. Aber es gäbe noch ein anderes Fenster, das sich den Heiligen, den Mystikern und den Begründern der großen Weltreligionen geöffnet habe.

«An jenem Nachmittag war es gewesen, als hätte eine unsichtbare Hand einen Vorhang beiseite gezogen, so dass ich für den Bruchteil eines Augenblicks durch ein solches Fenster schauen konnte.» Jane Goodall beschreibt das grundsätzliche und eben nicht auflösbare Paradoxon von Sich-Verlieren und Selbst-Werdung in ein und derselben Erfahrung.

Wenn diese «Ekstase» auf Gott hin dem Menschen zur Einheitserfahrung wird, beginnt dieser zu ahnen, dass Gott nicht nur das Du ist, dem er in Liebe begegnet, sondern auch der Grund, der die Einheitserfahrung trägt. Gott, dem das Geschöpf immer auch gegenübersteht, ist zugleich die schöpferische Kraft, die diese Erfahrung von Gottes Du erst möglich macht, oder in der christlichen Sprache vom dreieinigen Gott, welche in der Tiefe das größte Geheimnis überhaupt zu fassen sucht: das Leben!

Dies bildet «väterlich-mütterlich» das tragende und letztlich unzerstörbare Fundament vermutlich nicht nur auf unserem Planeten. Es nimmt in jedem Augenblick «Fleisch an» in der schier unfassbaren Fülle der Lebe-Wesen und ihrer Gestalten. Und dieses Lebendige befindet sich in einem Prozess der ständigen Kommunikation, deren Mechanismen wir gerade langsam entschlüsseln.

Beitrag der Theologischen Zoologie zu einem Paradigmenwechsel

Die Theologische Zoologie stellt in ihrem wissenschaftlichen Selbstverständnis das Programm zu einem grundlegenden theologischen Paradigmenwechsel zur Debatte. Angesichts dieses umfassend kritischen Ansatzes versteht sie sich als ökologische und politische Theologie.

Eine genauere Beschäftigung mit den Mitgeschöpfen des Menschen ist keinesfalls «Luxus», sondern berührt die zentralen Fragen der Theologie und Spiritualität. Es spricht sehr vieles dafür, dass die neuzeitliche Theologie einem verhängnisvollen Irrtum über das Mitgeschöpf Tier aufgesessen ist. Denn die fast vollständige Ausblendung der in der Bibel omnipräsenten Tiere aus der Theologie und die damit verbundene Attestierung ihrer Irrelevanz führen zu einem verfälschten Schöpfungsbegriff. Eine theologische Würdigung des Tieres möchte diesem Irrtum begegnen und zu einem Perspektivenwechsel beitragen, der sich in folgender Trias zusammenfassen lässt:

1 Mich selber als Mit-Geschöpf und nicht als vom Himmel-Gefallene*n sehen lernen (Anthropologie).

2 Allen Mit-Geschöpfen auf Augenhöhe begegnen und mich nicht als Herr*in aufspielen (Ethik).

3 Mich der göttlichen Wirklichkeit inmitten der natürlichen Mit-Welt aufschließen wollen (Theologie).

Diese Kerngedanken einer zeitgemäßen Schöpfungstheologie sind überkonfessionell und interreligiös. In dieser Weise kann eine Theologie, die die Tiere nicht länger unterschätzt beziehungsweise fehlinterpretiert, zu einem grundlegend anderen Verhältnis zu den Mitgeschöpfen beitragen, um es «besser zu machen».

Kommt Strolchi nun in den Himmel?

Wohin denn sonst!

In seinem Lehrschreiben *Laudato Si* schreibt Franziskus: «Das ewige Leben wird ein miteinander erlebtes Staunen sein, wo jedes Geschöpf in leuchtender Verklärung seinen Platz einnehmen wird.» Die Hoffnung auf eine Erlösung, ein ewiges Leben ist wahrscheinlich so alt wie die Menschheit selbst; ja eine solche Sehnsucht über diese vergängliche Welt hinaus macht den Menschen womöglich erst zum Menschen, vermittelt Trost und Kraft für ein Weiterleben im Angesicht des Todes.

Im Leben sind es doch diese Momente eines durch und durch beseelten Miteinanders von Mensch und Mensch und Mensch und Tier, ja, im tiefen Eintauchen in die Mehr-als-menschliche-Welt, werden wir zu Staunenden. Sie vermitteln den Geschmack einer Unmittelbarkeit und bilden einen fast gnadenhaften Zustand jenseits von Zeit und Raum, wie es Jane Goodall erlebt hat.

Jede dualistische Weltsicht, die lediglich dem Menschen eine letzte Unmittelbarkeit bei Gott – den Himmel also – verheißt, verkennt nicht nur die Einsicht in die Verwandtschaft alles Lebendigen, sondern würdigt in keiner Weise die im lebendigen Miteinander von Mensch und Tier erfahrenen Momente von Trost und tiefster Verbundenheit.

Empfohlene Literatur:

Buber, M., Das Dialogische Prinzip [1954]. Heidelberg, 1997.
Franziskus, Papst: Die Enzyklika «Laudato si'»: über die Sorge für das gemeinsame Haus. Freiburg / Basel / Wien, 2015.
Goodall, J., Grund zur Hoffnung. München, 2001.
Hagencord, R., Diesseits von Eden. Verhaltensbiologische und theologische Argumente für eine neue Sicht der Tiere. Regensburg, 2005.
Keel, O., Allgegenwärtige Tiere. Einige Weisen ihrer Wahrnehmung in der hebräischen Bibel. In: Bernd Janowski et al. (Hg.): Gefährten und Feinde des Menschen. Das Tier in der Lebenswelt des alten Israel. Neukirchen-Vluyn, 1993, 155–198.

ANNE PETERS

TIERE SIND KEINE SACHEN MEHR – WAS JETZT?

Covid-19 zeigt erneut: Die Welt braucht ein allgemeines Tierrecht

Seit Beginn der 2020er-Jahre hält die Covid-19-Pandemie die Welt in Atem. Covid-19 ist eine Zoonose, also eine vom Tier auf den Menschen übertragene Krankheit. Zwar wissen wir nicht, ob der Erreger aus einem Virenforschungslabor in Wuhan entstand oder durch den Handel mit Wildtierfleisch auf dem Markt nebenan auf Menschen übersprang. Fest steht aber, dass die Krankheit als Folge der menschlichen Nutzung und Ausnutzung von Tieren über uns Menschen gekommen ist. Mensch und Tier sind nun gleichermaßen verletzlich, und zwar weltweit. Die Pandemie kann endgültig nur mithilfe globaler Strategien besiegt werden, in denen unter anderem Rechtsregeln eine Rolle spielen.

In den Niederlanden und in Dänemark führte die Zoonose auf mehr als 30 Nerzfarmen zu Nerz-Mensch-Übertragungen von Covid-19. In den Niederlanden verabschiedete das Parlament in der Folge ein Gesetz zum Verbot des Geschäfts, verbunden mit einer finanziellen Entschädigung der Pelzfarmer. Dänemark hingegen schloss die Betriebe nur zeitweilig. In beiden Staaten wurden insgesamt um die 20 Millionen Nerze getötet. In Dänemark wurden 4 Millionen davon auf zwei Militäranlagen vergraben, weil die Verbrennungsanlagen des Landes nicht über ausreichend Kapazität verfügt haben, alle Tiere auf einmal zu verbrennen. Diese Kadaver poppten nach einer Weile wegen der Verwesungsgase wie Zombies wieder an die Erdoberfläche.

Die Verwundbarkeit ist Mensch und Tier in der Tat gemeinsam. Macht und Mittel zur Ausübung tödlicher Gewalt bleiben aber ungleich verteilt, auch in Zeiten von Covid-19.

1. Fakten und Normen

Auf der Welt werden aktuell 450 Milliarden Landtiere zur Ernährung gehalten. Schätzungsweise 58 Milliarden davon werden jährlich geschlachtet. Hinzu kommen nach grober Schätzung zwischen 1000 bis 3000 Milliarden getötete Meerestiere (Fische und Krustentiere aus Wildfang nebst Beifang und Aquakulturen). Für die Forschung werden schätzungsweise 126 bis 150 Millionen Tiere weltweit pro Jahr verwendet, wobei Nagetiere, allen voran Mäuse, mit über 80 Prozent den größten Anteil ausmachen. Damit werden 4000 bis 5000 Mal so viele Tiere für Lebensmittel eingesperrt als für die Forschung verwendet werden. Im Vergleich zu den Nutztieren gibt es nur noch verschwindend wenige Wildtiere auf der Erde (wenn man Insekten und andere Gliederfüßer ausnimmt). So beträgt die Biomasse von Nutzgeflügel ungefähr das Dreifache der Biomasse der Wildvögel. Die Zahl der Wildtiere wird weiter sinken, da sie derzeit das sogenannte sechste Massenaussterben erleiden.

Vor diesem Hintergrund können wir drei Säulen von Rechtsnormen in Bezug auf Tiere unterscheiden: Artenschutzrecht, Tierschutz- oder, moderner, Tierwohlvorschriften und Tierrechte. Nur in der ersten Säule, dem Artenschutz, finden sich internationale

Verträge. Dieses «harte», verbindliche Völkerrecht befasst sich fast ausschließlich mit der Erhaltung sehr weniger Arten, die bedroht sind.

Im Gegensatz dazu wird das Tierwohl (*animal welfare*), also der Schutz des Wohlergehens einzelner Tierindividuen vor Leid, Schmerzen und Schäden, in der zweiten Säule nicht verbindlich durch internationales Recht geregelt. Nur ganz am Rande erwähnen einige Artenschutzverträge Einzelaspekte wie etwa den schonenden Tiertransport von Individuen, die einer gefährdeten Art angehören. Tierschutz bzw. Tierwohl wird in Europa vor allem national und – punktuell – durch die EU geregelt. Das Wohlergehen von Tieren wird ferner in internationalem Soft Law, in den Empfehlungen und Richtlinien der in Paris angesiedelten Weltorganisation für Tiergesundheit (Office International des Epizooties, OIE), direkt angesprochen.

Die Bausteine der dritten Säule sind Tierrechte. Solche sind bisher nur in Urteilen nationaler Gerichte in Argentinien, Kolumbien, Indien und Pakistan anerkannt worden, nicht aber im Völkerrecht.

Angesichts des sehr dünnen internationalen Rechtsbestandes ist die nationale Regulierungsebene sehr relevant. Die aktuellen Tierschutzgesetze oder Verbote von Tierquälerei stammen meist aus der zweiten Hälfte des 20. Jahrhunderts. Ungefähr hundert Staaten, also gut die Hälfte der Staaten der Welt, verfügen über eine Form von Tierschutzgesetzgebung. Die einschlägigen Gesetze und das politische Engagement von 50 Ländern wird vom World Animal Protection Index in sieben Kategorien bewertet. Nach diesem Ranking liegen die Schweiz und Österreich in der Gruppe der Staaten, die am besten abschneiden; Deutschland schneidet schlechter ab, die USA noch schlechter; China rangiert noch einmal eine Stufe darunter. Der Iran befindet sich in der schlechtesten Gruppe, um einige Staaten zu nennen, die von diesem Index erfasst sind. Europa ist die Weltregion mit dem relativ gesehen besten Schutz für Tiere. Alle Mitgliedsstaaten des Europarates verfügen über Tierschutzgesetze. Asien (außer Japan) ist die Region, in der Tiere am wenigsten rechtlich geschützt sind.

Blickt man auf das nationale Recht, so fällt auf, dass neun Staaten seit den 1970er-Jahren Klauseln zum Tierschutz oder zum Verbot von Tierquälerei in ihre Verfassungen aufgenommen haben. Am berühmtesten und weitreichendsten ist die Schweizer Bundesverfassung von 1999, die eine Vorschrift zur «Würde der Kreatur» enthält. Andere Verfassungen sind (in chronologischer Reihenfolge) jene in Indien, Brasilien, Slowenien, Luxemburg, Deutschland, Ecuador, Österreich, Ägypten.

Solche Verfassungsbestimmungen können bei der Abwägung widerstreitender Werte und Güter eine Rolle spielen. Beispielsweise ist für die Beurteilung der Legalität des religiösen Schächtens ohne Betäubung der Belang des Tierschutzes gegen die Religionsfreiheit abzuwägen. In einem Rechtsstreit zwischen einem muslimischen Halalschlachter in Frankfurt und der Aufsichtsbehörde musste noch im Jahr 1992 der Tierschutz gegenüber der Religionsausübungsfreiheit zurücktreten, weil damals in Deutschland nur die Religionsfreiheit verfassungsrechtlich geschützt war. Die Gerichtsentscheidung zugunsten des Metzgers und für das unbetäubte Schächten war dann der Auslöser für eine Reform des Grundgesetzes. Im Jahr 2002 wurde das Staatsziel Tierschutz in das Grundgesetz aufgenommen. Nach Art. 20a GG schützt der Staat «die natürlichen Lebensgrundlagen und die Tiere». Der zusätzliche rechtliche Schutz von Tieren durch das Verfassungsrecht ist jedoch unterschiedlich ausgeprägt. So hat in Deutschland das Staatsziel Tierschutz im Ergebnis nicht zu einer Einschränkung der religiösen Schlachtung geführt.

2. Ethische Grundlagen der Rechtsnormen

Wie sind die bestehenden Tierschutzgesetze typischerweise motiviert? Schon Immanuel Kant führte in seiner «Metaphysik der Sitten» von 1797 aus: «Die Pflicht der Enthaltung von gewaltsamer und zugleich grausamer Behandlung der Tiere» bestehe, «weil dadurch das Mitgefühl an ihrem Leiden im Menschen abgestumpft und dadurch eine der Moralität, im Verhältnisse zu anderen Menschen, sehr diensame natürliche Anlage geschwächt und nach und nach ausgetilgt wird». Kant lehnte also die grausame Behandlung von Tieren ab, weil sie zur Verrohung des Menschen führe.

Weitere ethische Begründungen wurzeln in Varianten einer Ethik der Verantwortung und Treuhänderschaft des Menschen über das Tier sowie in der utilitaristischen Ethik der Leidensverminderung. Klassischer Vertreter letzterer Richtung ist Jeremy Bentham, der in einer berühmten Fußnote seiner «Introduction to the Principle of Morals and Legislation» von 1781 die «von der Gesetzgebung vernachlässigten Interessen der niederen Tiere» ansprach. Sie verdient eine vollständige Wiedergabe: «[Sklaven] sind durch das Gesetz gleich behandelt worden, wie zum Beispiel in England noch heute die Tiere. Der Tag mag kommen, an dem der Rest des Tierreichs jene Rechte erwirbt, die ihnen niemals hätten vorenthalten werden können, außer durch die Hand der Tyrannei. [Einige] haben bereits entdeckt, dass die Schwärze der Haut kein Grund ist, warum ein menschliches Wesen der Willkür eines Peinigers überlassen werden sollte. Vielleicht wird man eines Tages erkennen, dass die Anzahl der Beine ebenso kein Grund ist, um ein empfindliches Wesen demselben Schicksal zu überlassen (...) Die Frage ist nicht: Können sie denken? Können sie sprechen? Sondern: Können sie leiden?»

Das Ziel, das Leid von Tieren zu vermindern, erscheint weniger anthropozentrisch als das von Kant genannte Ziel, Menschen vor moralischer Abstumpfung zu schützen. Das Bestreben, Tierleid zu verringern, dürfte heute nicht nur in Europa, sondern auch in anderen Weltregionen die vorherrschende Begründung von Tierschutznormen sein.

3. Ein globales Problem verlangt eine globale Lösung

Unter heutigen Gegebenheiten reichen allerdings Vorschriften auf nationaler Ebene nicht mehr aus. Erforderlich ist vielmehr ein globaler Regulierungsansatz. Unter «globalem» Recht verstehen wir einen Normenbestand, der alle Regelungsebenen (die internationale, nationale, regionale und lokale Ebene) übergreift und sowohl staatliche als auch von Privaten gesetzte Normen umfasst und schließlich nicht nur hartes verbindliches, sondern auch «weiches» Recht (Soft Law) beinhaltet.

Der globale Ansatz ist notwendig geworden, weil in unserer globalisierten Welt praktisch alle Aspekte der Mensch-Tier-Interaktionen eine grenzüberschreitende Dimension besitzen. So werden beispielsweise Fleisch, Milchprodukte, Leder, Wolle und alle anderen aus Tieren gewonnenen Produkte vielfach über regionale, grenzüberschreitende oder sogar weltumspannende Lieferketten bereitgestellt. Der weltweite Konsum steigt durch die wachsende Nachfrage der Verbraucher in sich entwickelnden Staaten. Tierische Lebensmittel sind dabei extrem ressourcenintensiv. Laut der Food and Agriculture Organization der Vereinten Nationen werden 26 Prozent der terrestrischen Fläche für Weidetiere genutzt. Das führt zu enormer Erosion. Insgesamt werden 80 Prozent der weltweit angebauten Sojabohnen an Nutztiere verfüttert. Auch die globale Erwärmung wird durch die Rinderhaltung vorangetrieben, da die Tiere bei der Verdauung das Treibhausgas Methan freisetzen.

Europäische Tiere brauchen außerdem so viel Futter, dass es in Europa nicht angebaut werden kann. In der Folge werden Futtermittel aus Lateinamerika importiert. Auch Lebendvieh wird transnational transportiert und über große Distanzen verschifft (Schafe von Neuseeland nach Ägypten, Rinder von Brasilien in die EU usw.). Die Tiere werden dabei extremen Risiken ausgesetzt: So kenterte im Jahr 2019 das Frachtschiff Queen Hind im Schwarzen Meer vor der rumänischen Küste. Mehr als 14 000 Schafe ertranken.

Ein weiteres Problem ist der Standortwettbewerb. Staaten des Globalen Südens, welche die industriellen Tierproduktionsmethoden der reichen Staaten kopierten, haben oft nur niedrige Tierschutzstandards. Und selbst die Staaten, die über relativ hohe nationale Standards verfügen, wie zum Beispiel Deutschland, können diese nicht immer vollständig umsetzen, weil das internationale Handelsrecht einheitliche rechtliche Standards verlangt und unilaterale Regulierung tendenziell als Handelshemmnis ansieht. Deshalb schränkt das internationale Handelsrecht die Möglichkeit von Staaten ein, Tierschutz streng zu regeln oder Importverbote zu verhängen.

Ferner beeinflusst den Gesetzgeber die Besorgnis, dass Lebensmittel- und Pharmakonzerne in Produktionsstätten mit niedrigen Tierschutzstandards abwandern könnten. Der Konkurrenzdruck birgt die Gefahr, dass die Standards eingefroren werden. Er kann im Extremfall einen Wettlauf nach unten auslösen. Beispielsweise wurde in der Diskussion um gesetzgeberischen Handlungsbedarf zum Kükenschreddern und der betäubungslosen Ferkelkastration jeweils argumentiert, dass im Falle von strengeren Gesetzen in Deutschland die Betriebe, also Brütereien und Ebermastbetriebe, ins Ausland abwandern würden. Daraufhin wurde die Gesetzgebung zunächst einmal gestoppt.

Aus allen genannten Gründen (wegen der ökologischen sowie auch ökonomischen Auswirkungen von globalem Ausmaß und wegen des drohenden Leerlaufs rein nationaler Regelung) ist unser Umgang mit Tieren eine globale Frage, die eine globale Antwort erfordert. Das bedeutet, dass die Regulierung von Tierfragen über nationale Grenzen hinausgehen muss. Hier klafft eine große Lücke, sowohl in der Rechtssetzung als auch in der Rechtswissenschaft.

Erkannt wurde die Notwendigkeit internationaler Kooperation bereits in den 1920er-Jahren: Im Jahr 1924 wurde in Paris die schon erwähnte OIE zur Bekämpfung der Übertragung von Seuchen auf den Menschen, also von Zoonosen wie Covid-19, gegründet. Anlass war eine Rinderpest, die Belgien im Jahr 1920 heimsuchte. Diese war durch die Umschiffung von Zebus aus Indien auf dem Weg nach Brasilien im Hafen von Antwerpen nach Europa eingeschleppt worden.

Das Mandat der OIE wurde im Jahr 2002 erweitert, die Organisation befasst sich heute nicht nur mit Tiergesundheit, sondern auch mit Tierwohl. Zu diesen Themen verabschiedet sie regelmäßig Empfehlungen. Allerdings sind diese ziemlich vage und schwach. Das kann unter anderem daran liegen, dass auch die Pharma- und die Agrarindustrie in die Standardsetzung einbezogen werden. Ein weiterer Grund für die sehr allgemein gehaltenen Standards der OIE ist, dass fast alle Staaten der Welt Mitglied der Organisation sind, mit extrem unterschiedlichen Bedingungen und Möglichkeiten. Gerade wegen ihrer globalen Mitgliedschaft könnte die OIE immerhin als institutioneller Knotenpunkt für ein globales Tierrecht ausgebaut werden.

4. Von «Sache» über «sachenähnlich» zum «empfindungsfähigen Wesen»

Der oben genannten utilitaristischen Ethik entspricht die rechtliche Einordnung von Tieren als Sache im nationalen Recht der meisten Staaten. Die Unterscheidung zwischen Personen und Sachen stammt aus dem römischen Privatrecht. Personen (*personae*, Subjekte) können Inhaber von Rechten sein, während Sachen (*res*, Objekte) per definitionem keine Rechte haben können. Im Gegenteil: Sie stehen im Eigentum von Personen. Tiere sind rechtlich als Eigentum kodiert worden. Diese rechtliche Kodierung verwandelt das Tier, ein Lebewesen, in Kapital, aus dem der Eigentümer Gewinn erwirtschaften kann. Tiere als Sachen können rechtlich gesehen nur Nutznießer von Schutzvorschriften sein. Solche Schutznormen schaffen Pflichten für ihre Adressaten, generieren aber keine Rechte für die Begünstigten. So ist es beispielsweise verboten, die Mona Lisa zu bekritzeln, gleichzeitig hat die Mona Lisa kein Recht, nicht bekritzelt zu werden. Sie kann kein solches Recht haben, weil sie eine Sache, ein Gemälde ist.

In den letzten Jahrzehnten haben die Zivilgesetzbücher mehrerer Staaten den traditionellen Rechtsstatus von Tieren verändert, und zwar in zwei Varianten: Die historisch erste Variante ist die rein negative Aussage, dass Tiere «keine Sachen» sind. Österreich änderte als Erstes (im Jahr 1988) sein Allgemeines Bürgerliches Gesetzbuch in diesem Sinne. Deutschland fügte im Jahr 1990 einen Paragrafen 90a ins Bürgerliche Gesetzbuch ein. Trotz der Herausnahme der Tiere aus der Kategorie der Sachen bleiben die rechtlichen Regeln für Sachen anwendbar, wie die genannten Rechtsbestimmungen hervorheben. Es ist fraglich, ob das Etikett «keine Sache» den Tieren einen juristischen Mehrwert bietet.

Eine fortschrittliche rechtliche Variante ist die positive Qualifizierung von Tieren als «fühlende Wesen». Hier war die EU Vorreiterin mit Artikel 13 des Vertrags über die Arbeitsweise der Europäischen Union (AEUV) in der Fassung von Lissabon (2007). In der Tschechischen Republik wurde die Formulierung im Jahr 2012 in das Zivilgesetzbuch eingeführt. Im französischen Code Civil werden Tiere seit 2015 «als empfindungsfähige Lebewesen» («êtres vivants doués de sensibilité») qualifiziert. Portugal und Kolumbien haben diese Formel im Jahr 2016 übernommen. Der neue Rechtsbegriff «empfindungsfähiges Wesen» weist den Weg zur Überwindung der römisch-rechtlichen Zweiteilung von *res* und *persona*. Er ist meiner Ansicht nach am besten als ein neues Zwischenregister zu verstehen, als eine Kategorie zwischen Personen und Sachen.

Letztlich kommt es aber nicht auf den Status an, sondern auf die Rechtsnormen, die anwendbar sind. Hier gehen die geänderten Zivilgesetzbücher der Tschechischen Republik (2012), Portugals (2016) und Spaniens (2021) den weiteren Schritt, dass die rechtlichen Regeln für Sachen nur insoweit auf Tiere anwendbar sind, wie diese mit der «Natur» der Tiere und ihrem rechtlichen Status als fühlende Wesen vereinbar sind.

Die rechtlichen Folgen können am Beispiel des getrennten Verkaufs einer Schimpansenmutter und eines Schimpansenjungen von der Zuchtstation an unterschiedliche Forschungslabore aufgezeigt werden: Die Trennung ist völlig legal, wenn die Schimpansen ausschließlich als Sachen betrachtet werden. Unter Berücksichtigung ihres Rechtsstatus als empfindungsfähige Wesen – wenn «Empfindung» auch geistiges Wohlbefinden umfasst – müsste ein solches Rechtsgeschäft verboten werden, denn eine Trennung von Mutter und Jungtier verursacht bei diesen Individuen schweres emotionales Leid und seelische Qualen.

Zusammenfassend lässt sich sagen, dass der jüngste Trend, Tiere aus der Kategorie der Sachen herauszunehmen, nicht automatisch ihren rechtlichen Schutz verbessert. Spürbare und klare rechtliche Auswirkungen ergeben sich nur aus der ausdrücklichen Feststellung, dass die Empfindungsfähigkeit von Tieren eine rechtliche Grenze für die Unterstellung von Tieren unter das Regime der Sachen bildet.

5. Tierrechte

Im Gegensatz zu der eben erwähnten Gesetzgebung sind Rechte für Tiere bisher nur durch strategische Klagen in ersichtlich fünf Staaten der Welt zustande gekommen. Hier stellt sich die Frage, ob Gerichte zu einer derart massiven Rechtsschöpfung befugt sind.

Diese Frage wurde etwa in den USA von einem Bezirksgericht im Fall «Naruto» verneint. Naruto ist ein Affe aus der Gattung der Makaken, der mit der Kamera eines Forschers ein Selfie geschossen hatte. Eine Tierschutzgruppe wollte Narutos geistiges Eigentum einklagen. Das zuständige US-Bezirksgericht für den nördlichen Bezirk von Kalifornien hielt fest, dass Naruto kein «Urheber» im Sinne des Urheberrechtsgesetzes sei. Die NGO müsse ihr Vorbringen an den Kongress und den Präsidenten richten, nicht an das Gericht. In Anbetracht des eindeutigen Wortlauts des Urheberrechtsgesetzes, der Rechtsprechung und Praxis der zuständigen Behörde könne der Richter nicht kreativ das Gesetz auslegen und eine Klagebefugnis und Urheberrecht von Naruto feststellen. Die Klage in Vertretung von Naruto wurde folglich abgewiesen, was die Appellationsinstanz im Jahr 2018 bestätigte.

Anders verhielt es sich in Argentinien: Hier scheute sich ein unteres Gericht in einem bahnbrechenden Urteil von 2016 nicht, das Recht weiterzuentwickeln. In dem Fall ging es um die ungefähr 30-jährige Schimpansin Cecilia, die nach dem Tod von zwei Käfigkameraden einsam in einer Betongrube ohne Unterschlupf hauste. Die Einzelrichterin Maria Alejandra Mauricio befand, dass Tiere nicht als Sachen klassifiziert werden sollten, da sie fühlende Wesen sind. Gestützt auf verschiedene Kriterien, insbesondere der genetischen Nähe von Menschenaffen und Menschen sowie eine Vielzahl biologischer, sozialer und kultureller Merkmale von Primaten, stellte die argentinische Richterin fest, dass Primaten nichtmenschliche Rechtspersonen sind und Grundrechte innehaben. Die Richterin hielt auch das Habeas-Corpus-Verfahren für anwendbar. Dieses Verfahren erlaubt es inhaftierten «Personen», eine Vorführung vor den Richter zu verlangen, der die Rechtmäßigkeit ihrer Haft prüfen muss. Im Ergebnis wurde Cecilia in eine Auffangstation in Brasilien gebracht.

Die argentinische Richterin betonte, dass sie nur über Menschenaffen urteile. Darüber hinausgehend stellt sich jedoch die Frage, welchen Tieren wir welche Rechte zuerkennen sollten (siehe auch den Beitrag von Ursula Wolf). Sollten wir einer Mücke das Recht auf Leben zusprechen? Welche Rechte benötigen Menschenaffen? Cecilia kam in den Genuss des Rechts auf größere Bewegungsfreiheit. Sie braucht wohl kein Recht auf Religionsfreiheit – ebenso wenig wie ein Mann ein Recht auf Schwangerschaftsabbruch benötigt.

6. Kulturimperialismus?

Die Rechtsreformen und die neue Rechtsprechung zeigen, dass unsere Sensibilität in Fragen des Tierleids stark gewachsen ist. Doch wie verlässlich ist dies als moralischer Kompass? Ist das Streben nach strengem Tierschutz – oder sogar die Gewährung von Tierrechten – eine «zivilisatorische Mission» des Westens über den Rest der Welt, ohne Rücksicht auf die lokale Kultur?

Ein wiederkehrender normativer Einwand gegen ein verschärftes Tierschutzrecht mit potenziell globaler Reichweite ist der Vorwurf des Kulturimperialismus. Beispielsweise wurden in den 1990er-Jahren der Verkauf von Hunden als Delikatesse und deren Schlachtung auf dem offenen Markt in San Francisco, Chinatown verboten. Ist das nicht heuchlerisch, wenn man bedenkt, dass Milliarden von Schweinen, die mindestens genauso empfindungs- und erlebensfähig sind wie Hunde, für den Verzehr durch Westler geschlachtet werden, mit dem einzigen Unterschied, dass die Schlachtung der Schweine sorgfältig vor der Öffentlichkeit verborgen wird? Und was empfindet ein gläubiger Hindu beim Blick in unsere Rinderschlachthäuser? In einer Kampagne gegen das EU-Verbot der Einfuhr von Robbenprodukten in die Europäische Union spielten Vertreter*innen der robbenjagenden Inuit mit *seal* und *veal*. Sie hielten es für inkonsequent, Robbenfleisch (*seal*) unter Verweis auf das Moralempfinden der europäischen Konsument*innen zu verbieten, während Kalbfleisch (*veal*) in Europa bedenkenlos konsumiert wird.

Sind also der Tierschutz und die Tierrechtsbewegung ein neuer Kreuzzug des Westens gegen die Praktiken des Rests der Welt? Es wird der Vorwurf erhoben, die Tierrechtler*innen würden eine universelle Norm behaupten, um anderen Kulturen ihre eigenen, rein lokalen Vorlieben aufzuzwingen, um so die kulturelle und politische Dominanz über die nichtwestliche Welt, insbesondere den Globalen Süden, zu festigen.

Dieser Vorwurf ist nicht völlig trivial. Es besteht die Gefahr, dass der Tierschutz auf die Lebensweise von lokalen oder auch globalen Minderheiten abzielt, etwa auf das rituelle Schlachten durch Muslime oder die Robben- und Waljagd der Indigenen. Diese Gebräuche sind zahlenmäßig unbedeutend im Vergleich zur «normalen» massiven Nutzung und Tötung von Tieren durch die Mehrheit. Der Fokus auf solche Praktiken schürt Vorurteile der Mehrheit gegenüber den angeprangerten Gruppen. Tatsächlich begründeten herrschende Gruppen lange Zeit ihre Machtausübung über Minderheiten oder indigene Völker mit Verweis auf die «rückständige» oder «barbarische» Art und Weise, wie jene «Anderen» ihre Frauen, Kinder oder Tiere behandeln.

Um solche Verzerrung und Dominanz zu vermeiden, enthält die Tierwohl-Querschnittsklausel des EU-Vertrags von Lissabon einen Vorbehalt für «religiöse Rechte, kulturelle Traditionen und das regionale Erbe». (Es überrascht kaum, dass dieser Vorbehalt auf Lobbying spanischer Diplomaten hin in den Vertragstext aufgenommen wurde und dass ein neues spanisches Gesetz den Stierkampf rechtlich als Teil des «kulturellen Erbes» Spaniens definiert.)

Kulturelle Vielfalt ist ein hohes und schützenswertes Gut. Jedoch müssen wir legitime Anliegen von der missbräuchlichen Beschwörung von «Kultur» durch diejenigen unterscheiden, die sich illegitime Privilegien sichern wollen. In diesem Spannungsfeld sind drei Punkte zu beachten.

Erstens sollten wir kulturelle Unterschiede nicht überbewerten. Schließlich ist ein *gemeinsames* Merkmal fast aller Kulturen der Welt die Nutzung von Tieren für menschliche Bedürfnisse, die gleichermaßen massiv wie «selbstverständlich» erscheint, mit nur schwach ausgeprägtem Bewusstsein für die ethische Problematik.

Zweitens sind Kulturen und Traditionen nicht unveränderlich und werden nicht nach einem genetisch festgelegten Muster weitergegeben. So sind das Essen von Haifischsuppe, die aus abgeschnittenen Flossen von lebenden Haien besteht, und der Verzehr des Fleisches von Kühen, die unter Umständen in einem europäischen Schlachthof unsachgemäß betäubt wurden, Traditionen. Es gab auch die Tradition, Frauen ins Haus zu verbannen, ihnen zu verbieten, bestimmte Berufe auszuüben oder Auto zu fahren (was in Saudi-Arabien erst 2018 erlaubt wurde). Aber nur weil all dies Traditionen waren, sind sie nicht zwangsläufig auch schützenswert.

Ein dritter Punkt: In der Tat besteht die Gefahr, mit zweierlei Maß zu messen. So klagen die Inuit gegen das Einfuhrverbot von Robbenprodukten: Hört auf, uns über Robben zu belehren, während ihr Kälber tötet. Aber das richtige Mittel gegen «double standards» ist nicht, damit aufzuhören, abscheuliche Missstände anderswo zu kritisieren, sondern die eigenen Missstände ebenfalls zu beenden. Mit anderen Worten: Die Doppelmoral sollte durch Nivellierung der Standards nach oben beendet werden, nicht durch deren Nivellierung nach unten.

Der Vorwurf der Doppelmoral des Westens (der Herrschenden) beinhaltet die unausgesprochene Forderung, dass dieser die Unterdrückten so lange in Ruhe lassen solle, bis die Herrschenden «vor ihrer eigenen Tür gekehrt» haben. Die kalifornische Politikwissenschaftlerin Claire Jean Kim hat diese Forderung aus meiner Sicht überzeugend widerlegt. Sie weist darauf hin, dass die ungerechte Benachteiligung in einem Bereich keinen automatischen Anspruch auf ungerechtfertigte Vorteile in einem anderen Bereich hervorruft: «Menschen, die Rassismus und Kolonialismus erlitten haben, verdienen Gerechtigkeit und Wiedergutmachung von ihren Unterdrückern, aber sie verdienen es nicht, Frauen, Tiere und die Natur zu dominieren.» Anders gewendet: Die Erduldung kultureller und politischer Unterdrückung ist keine Entschuldigung dafür, andere, noch schwächere Mitglieder der Gesellschaft im Gegenzug ebenfalls leiden zu lassen.

Moral, Traditionen und Rechtsvorschriften sind von lernfähigen Menschen gemacht, praktiziert und angewandt und können verändert werden. So sieht das auch der Gerichtshof der Europäischen Union in seinem Urteil vom März 2021 über die verabscheuungswürdige Tradition des Leimrutenfangs von Vögeln, die – festgeklebt am Zweig – um Hilfe schreien und dadurch als Lockvögel für den Abschuss weiterer Vögel dienen. Auf ein Vorabentscheidungsersuchen des französischen Staatsrats hatte der Gerichtshof die EU-Richtlinie zum Schutz wild lebender Vögel auszulegen. Die Richtlinie verbietet den Leimrutenfang, erlaubt es aber Mitgliedstaaten, von diesem Verbot abzuweichen, «wenn es keine andere zufriedenstellende Lösung gibt», um unter anderem «den Fang (...) bestimmter Vögel in geringer Zahl zu erlauben». Die französischen Ministerien hatten regelmäßig Klebefallen von Vögeln für die Jagdsaison in bestimmten Departements gestattet, vor allem in den Alpen. Die einzige Begründung für die Ausnahme war, dass es «keine andere zufriedenstellende Lösung» gäbe. Der Europäische Gerichtshof hat nun die Vogelschutz-Richtlinie im Lichte der bereits genannten Vorschrift des Art. 13 AEUV, der Tierschutz-Querschnittsklausel, ausgelegt. Er entschied, dass die bloße Behauptung, es gäbe keine Alternative zur Leimfalle, nicht mehr genügt. Auch der «traditionelle Charakter» dieser Jagd reicht nicht dafür aus, dass Frankreich weiterhin Leimrutenfang gestatten darf. Kulturelle Vielfalt ist kein Blankoscheck für Tierquälerei.

7. Covid-19 und der One-Health-Ansatz

Zurück zu Corona: Der sogenannte «One-Health-Ansatz» ist durch Covid-19 dramatisch in den Vordergrund gerückt. Bei One Health geht es um die gemeinsame Anstrengung über mehrere Disziplinen hinweg zur Vorbeugung und Behandlung von Krankheiten, die an der Schnittstelle der Gesundheit von Mensch, Tier und Umwelt auftreten. Ein One-Health-Ansatz soll der steten Zunahme von Zoonosen begegnen. Die Intergouvernementale Plattform zu Biodiversität und Ökosystemdienstleistungen nimmt an, dass von geschätzten 1,7 Millionen derzeit unentdeckten Viren in Wirtstieren 540 000 bis 850 000 den Menschen infizieren können. Der «Lancet» hob hervor, dass neue zoonotische Krankheiten mit exponentiell steigender Geschwindigkeit auftauchen. «Nicht alle zoonotischen Krankheiten werden zu Pandemien, aber die meisten Pandemien werden durch Zoonosen verursacht, und sie sind charakteristisch für das Anthropozän.» Ursachen sind die Rodung von Land für Ackerbau und Weiden, die intensive, industrialisierte Viehzucht und das zunehmende Eindringen des Menschen in die Lebensräume von Wildtieren. Außerdem werden durch die Abholzung Mikroben freigesetzt, mit denen Menschen zuvor noch nie in Berührung kamen. Das UN-Umweltprogramm fasst wie folgt zusammen: «Pandemien – wie der Ausbruch von Covid-19 – sind ein vorhersehbares und vorhergesagtes Ergebnis der Art und Weise, wie Menschen Nahrung beschaffen und anbauen, mit Tieren handeln und sie konsumieren und die Umwelt verändern.»

Im Juni 2020 stellte ein internationales Team von Wildtier- und Veterinärexperten aus Cambridge eine Liste möglicher Maßnahmen zur Reduzierung des Pandemierisikos zusammen. Das Team erwähnt u. a. die Verringerung der Besatzdichte in der Tierhaltung sowohl innerhalb als auch zwischen den Betrieben. Als weitere Optionen wurden die Entwicklung und Kommerzialisierung von synthetischen Alternativen (z. B. Kunstpelz, Kunstleder oder im Labor erzeugtes Fleisch) genannt. Im Ergebnis zeigt Covid-19, einschließlich der Episode der Tötung von 20 Millionen Nerzen, dass One Health nicht nur Wildtiere, sondern auch Nutztiere entschiedener in den Blick nehmen muss.

8. Ein kritisches globales Tierrecht

Covid-19 veranschaulicht, wie ambivalent das Recht gegenüber Tieren ist. Das Beispiel der Nerzkeulung zeigt, wie das Recht strukturelle Gewalt gegen Tiere festschreibt. Es erlaubt und schützt Unternehmen wie den Wildtiermarkt in Wuhan sowie die Pelzfarmen hauptsächlich um des wirtschaftlichen Profits der Menschen willen, die dieses Geschäft betreiben. Um die menschliche Gesundheit vor einem verhältnismäßig bescheidenen Ansteckungsrisiko in diesen Farmen zu schützen, wurden 20 Millionen Nerze rechtmäßig getötet, ohne jegliche Rücksicht auf den Wert ihres Lebens für sie. Ein One-Health-Ansatz wäre ein Argument für ein weltweites Verbot der Nerzzucht. Auf der Grundlage neuer wissenschaftlicher Erkenntnisse und einer veränderten Moral könnten und sollten sich die Rechtsvorschriften zu Tieren schnell und tiefgreifend entwickeln – im Kontext eines kritischen globalen Tierrechts.

Empfohlene Literatur:

Cochrane, A., Sentientist Politics: A Theory of Global Inter-Species Justice. Oxford University Press, 2019.

Deckha, M., Animals as Legal Beings: Contesting Anthropocentric Legal Orders. University of Toronto Press, 2021.

Diehl, E., Tuider, J. (Hg.), Haben Tiere Rechte? – Aspekte und Dimensionen der Mensch-Tier-Beziehung. Bundeszentrale für politische Bildung, Bonn, 2019.

Donaldson, S., Kymlicka, W., Zoopolis: Eine politische Theorie der Tierrechte. Suhrkamp Verlag, Frankfurt, 2013.

Ladwig, B., Politische Philosophie der Tierrechte. Suhrkamp Verlag, Frankfurt, 2020.

Michel, M., Kühne, D., Hänni, J. (Hg.), Animal Law – Tier und Recht: Developments and Perspectives in the 21st Century. Dike Verlag, Zürich, 2012.

Peters, A., Animals in International Law. Brill, Leiden, 2021.

Peters, A., Studies in Global Animal Law; Springer Verlag, Heidelberg, 2020.
Schmitz, F. (Hg.), Tierethik: Grundlagentexte. Suhrkamp Verlag, Berlin, 2014.
Stucki, S., Grundrechte für Tiere: Eine Kritik des geltenden Tierschutzrechts und rechtstheoretische Grundlegung von Tierrechten im Rahmen einer Neupositionierung des Tieres als Rechtssubjekt. Nomos Verlag, Baden-Baden, 2016.

MICHAEL QUANTE

WAS KÖNNEN WIR WISSEN, WAS SOLLEN WIR TUN?

Alltägliche und wissenschaftliche Perspektiven im Dialog

Der Panther
(Im Jardin des Plantes, Paris)

Sein Blick ist vom Vorübergehn der Stäbe
so müd geworden, dass er nichts mehr hält.
Ihm ist, als ob es tausend Stäbe gäbe
und hinter tausend Stäben keine Welt.

Rainer Maria Rilke

Tiere sind in unserem Alltag allgegenwärtige Begleiter. Für uns exotische oder seltene Tiere faszinieren uns. Sie können angsteinflößend und bedrohlich sein. Oder, wie Rilkes Panther, unser Mitleid erwecken, wenn wir sie in Käfigen eingesperrt erleben. Über viele uns im Alltag umgebende Tiere wissen wir oft nicht gut Bescheid: Wo sind die Fliegen im Winter hin? Können Libellen stechen? Und wie vermehren sich eigentlich Seesterne? Überhaupt: Manche Tiere stören uns, wir vertreiben sie (wie den Maulwurf aus unserem Garten) oder töten sie (wie die quälende Mücke, die uns den Schlaf raubt). Manches Fernsehformat führt uns drastisch vor Augen, dass wir auch über unsere eigenen Haustiere nicht immer genügend wissen (vgl. den Beitrag von Achim Gruber). Wenn es um Nutztiere in der industriell organisierten Landwirtschaft geht, prallen die ethischen und politischen Haltungen heftig aufeinander (vgl. den Beitrag von Jörg Luy). Häufig sind, die Wiederzuwanderung der Wölfe ist dafür ein gutes Beispiel, gegenläufige Interessen im Spiel. Auch die Diskussion über die Verwendung von Tieren in medizinischen Experimenten zeigt gravierende ethische Gegensätze. In allen Fällen finden wir eine komplexe Kombination aus einem breiten Spektrum von Argumenten und einer Vielfalt von Zielvorstellungen.

Tiere sind zudem auf indirekte Weise ein fester Bestandteil unserer Lebenswelt. Als Gegenstand von Religion und Malerei, Literatur und Musik sind sie uns seit Kindsbeinen vertraut (vgl. die Beiträge von Rainer Hagencord und Jessica Ullrich). Sie tauchen zu Weihnachten genauso auf wie in Schlagertexten, in Romanen genauso wie in historischen Quellen, mit denen sich beispielsweise die Geisteswissenschaften beschäftigen. Tiere sind sprichwörtliche Symbole für Frieden oder Kindersegen wie die Taube und der Storch; sie müssen gelegentlich als Schimpfworte im Streit oder zur Illustration von (unseren) Charaktereigenschaften herhalten wie die «dumme» Gans oder der «sture» Esel.

Mit anderen Worten: Sie sind nicht nur als Lebewesen fester Bestandteil unseres Alltags, sondern auch als Figuren unserer kulturellen Medien (vgl. den Beitrag von Michael Miersch). Sie sind uns auf vielfältige Weisen vertraut, obwohl wir oftmals wenig über sie wissen. Zugleich ist unsere Haltung, die sich in unserem Umgang mit ihnen zeigt, nicht einheitlich und in vielen Fällen sogar widersprüchlich: Wir setzen uns für natürliche Lebensbedingungen von Tieren ein und machen Haustiere zugleich zu persönlichen Begleitern, sprechen uns gegen Tierquälerei von Zirkustieren aus und konsumieren kostengünstig produziertes Fleisch. Hinzu kommt, dass in unserer Gesellschaft die Erfahrungen, die Umgangsformen mit Tieren und das Wissen über sie sehr unterschiedlich verteilt sind. Auch dies erschwert eine gesellschaftliche Debatte enorm, wenn es zum ethischen Streit kommt oder politischer Regelungsbedarf besteht. Das Bewusstsein allerdings, dass wir einen angemesseneren Umgang mit Tieren etablieren müssen, wächst in unserer Gesellschaft in den letzten Jahrzehnten stetig an. Zugleich schreitet die wissenschaftliche Forschung voran. Dadurch verfügen wir auf der einen Seite über mehr und besseres Wissen. Auf der anderen Seite sind wir zunehmend für die ethischen Fragen sensibilisiert. Im Verbund mit Klimawandel, Natur- und Umweltschutz ist unser gesellschaftlicher Umgang mit Tieren auf vielfältige Weise Gegenstand politischer Auseinandersetzungen.

Der Titel des vorliegenden Buches ist eingängig und reagiert auf unsere komplexe Ausgangslage. Er stellt eine allgemeine These auf: Tiere werden unterschätzt. Lassen wir die Fragen, ob dies für alle Arten von Tieren gleichermaßen gilt und wem diese Fehleinschätzung unterläuft, einmal beiseite. Um die Aussage zu verstehen, bleibt zu klären, was mit «unterschätzt» gemeint ist. In einer Lesart kann es sich um eine unzutreffende Einschätzung handeln: Wer versucht, einen bis an den Rand mit Büchern gefüllten Umzugskarton alleine zu tragen, der unterschätzt vermutlich das Gewicht des Kartons. In diesem Sinne unterschätzen wir die Geschwindigkeit von Motorrädern im Straßenverkehr oder den Aufwand, den die Erledigung bestimmter Aufgaben erfordert. Jemanden (oder etwas) zu unterschätzen, kann aber auch eine mangelnde Wertschätzung zum Ausdruck bringen. Wessen Beitrag unterschätzt wird, dessen Leistung wird nicht nur nicht erkannt, sondern auch nicht angemessen anerkannt. In dieser Lesart besagt der Buchtitel, dass Tiere nicht angemessen wertgeschätzt, respektiert, berücksichtigt oder anerkannt werden.

Der Untertitel greift konsequent beide Lesarten von «unterschätzt» auf. Unzutreffende Einschätzungen lassen sich auf der

Basis korrekter und umfassender Informationen kritisieren und entsprechend korrigieren. Es liegt ein Irrtum vor, der durch eine bessere Wissensbasis behoben werden kann. Ein Ziel dieses Buches besteht also darin, unser Unterschätzen des Tieres durch die Vermittlung wissenschaftlicher Informationen zu beheben. Darüber hinaus enthält der Untertitel eine Aufforderung; es geht darum zu klären, was wir im Umgang mit Tieren «besser» machen müssen. Hierbei geht es nicht mehr um unser Wissen über Tiere, sondern um unseren Umgang mit ihnen. Das zweite Ziel dieses Buches besteht also darin, unseren Umgang mit Tieren, also unser Handeln, zu verbessern. Im Zusammenspiel mit dem Haupttitel muss man «besser» dabei als «ethisch angemessener» lesen. Es geht nicht um die Optimierung unserer Interessen, sondern um eine angemessene Wertschätzung der Tiere in unserem Umgang mit ihnen. Die Bereitstellung des Wissens dient also praktischen Zwecken, die aus der Perspektive der Tiere (im Sinne eines ethisch angemessenen und wertschätzenden Umgangs) formuliert werden. Anders gesagt: In diesem Buch soll das heutige Wissen der Wissenschaften in die Gesellschaft vermittelt werden mit dem Ziel, unseren Umgang mit Tieren ethisch angemessener zu gestalten.

Mit meinen Überlegungen möchte ich den Dialog zwischen Gesellschaft und Wissenschaft (d. h. den Wissenschaftler*innen) stärken und, wo nötig und mit philosophischen Mitteln möglich, mithelfen, ihn zu verbessern. Aus meiner Sicht gibt es solche Verbesserungspotenziale nicht nur auf der Seite der Bürger*innen, sondern auch auf der Seite der Wissenschaftler*innen sowie innerhalb der institutionellen Strukturen von Hochschulen oder Forschungseinrichtungen. Um mein Ziel zu erreichen, möchte ich im ersten Schritt ein Grundverständnis von «Wissenstransfer» skizzieren, an dem sich der Dialog zwischen den Wissenschaften und der Gesellschaft ausrichten sollte. Dabei geht es um die Dimension von Sachkenntnis und Information, die für eine gesellschaftliche Debatte grundlegend ist. Im zweiten Schritt werde ich mich der ethischen Dimension zuwenden, da sie in der gesellschaftlichen Auseinandersetzung um den angemessenen Umgang mit Tieren eine zentrale Rolle spielt. Die Ausblicke, mit denen dieser Beitrag endet, benennen offene Fragen und Herausforderungen, denen wir uns als Bürger*innen und Wissenschaftler*innen gleichermaßen stellen müssen, wenn wir unseren Umgang mit Tieren verbessern wollen.

Wissenstransfer

Klassischerweise wird unter Wissenstransfer zweierlei verstanden: Es geht darum, der Gesellschaft wissenschaftliche Erkenntnisse zu vermitteln; und es geht darum, dieses Wissen in angewandter Form als technologische Innovationen zur Verfügung zu stellen. Auf der Basis von wissenschaftlichen Erkenntnissen entwickelte Technologien sind für unsere moderne Gesellschaft prägend und unverzichtbar. Aber auch die Vermittlung wissenschaftlicher Erkenntnisse stößt in unserer Gesellschaft auf ein großes Interesse. Die Motive der Bürger*innen reichen dabei von der Neugierde oder Faszination bis hin zu Beratungsbedarf.

In diesem klassischen Verständnis wird Wissenstransfer häufig als Einbahnstraße gedacht. Er zielt darauf ab, wissenschaftliche Erkenntnisse inhaltlich adäquat in die Gesellschaft zu kommunizieren. Die Empfänger*innen kommen in diesem Bild vor, weil es darum geht, dieses Wissen auch zielgruppenspezifisch zu vermitteln. Aber das grundlegende Muster sieht die aktive Rolle bei den Wissenschaftler*innen und die passive Rolle aufseiten der Gesellschaft.

Für den Wissenstransfer hat sich inzwischen der Begriff der Wissenschaftskommunikation eingebürgert. Dabei fällt auf, dass Kommunikation in der Regel keine Einbahnstraße, sondern dialogisch verfasst ist. Innerhalb der Wissenschaften ist dementsprechend eine Entwicklung hin zu dialogischen Formaten zu beobachten, in denen die Bürger*innen auch eine aktive Rolle einnehmen. Diese aktive Einbindung kann sehr unterschiedliche Formen annehmen: Von dem Bereitstellen von Beobachtungsdaten durch Bürger*innen bis hin zur gemeinsamen Entwicklung von Fragestellungen und Projekten gibt es inzwischen sehr viele Varianten. Für sie steht heute der Begriff der «Citizen Science», was man vielleicht mit Bürger*innenwissenschaften übersetzen kann. Wenn beispielsweise eine Bürgerinitiative an Stadthistoriker mit der Bitte herantritt, eine im Laufe der Jahrzehnte umgebaute Gedenkstätte wieder in den ursprünglichen Zustand zurückzuversetzen, dann braucht es die Zusammenarbeit von Bürger*innen und Wissenschaftler*innen. Private Dokumente (wie Fotos oder Erinnerungen in Tagebüchern) müssen mit dem Wissen der Historiker*innen verbunden werden, um das Ziel gemeinsam erreichen zu können. Mit dieser Öffnung der Wissenschaft in Richtung der Partizipation kommen die Wissenschaftler*innen dem Bedürfnis und der Forderung der Gesellschaft entgegen, stärker in die Wissenschaft einbezogen zu werden.

Mit Blick auf die Frage nach einem angemessenen Umgang mit Tieren ist diese Entwicklung unbedingt zu begrüßen. Denn auf diese Weise lässt sich die Vielfalt der Kontexte einfangen, innerhalb derer wir Erfahrungen im Umgang mit Tieren machen: Haustieren begegnen wir mit einer anderen Grundhaltung als Nutztieren; Wildschweine oder Damwild in Gehegen oder Zoos nehmen wir anders wahr als im Straßenverkehr. Außerdem lassen sich Einstellungs- und Haltungsänderungen besser und nachhaltiger erreichen, wenn sie in interaktiven Formaten herbeigeführt werden. Darüber hinaus bietet diese Öffnung die Möglichkeit, ein besseres Verständnis für die Logik wissenschaftlichen Arbeitens und die Bedeutung wissenschaftlicher Methoden zu erwerben. Dies stellt nicht nur ein höheres Maß an Transparenz her, sondern kann auch dazu dienen, das Vertrauen der Gesellschaft in die Wissenschaften, aber auch der Wissenschaftler*innen in die Bürger*innen zu stärken.

Ethische Aspekte

Gesellschaftliche Debatten um den ethisch angemessenen Umgang mit Tieren sind häufig emotional aufgeladen. Sie zeichnen sich vielfach dadurch aus, dass extrem gegensätzliche Einstellungen und Überzeugungen aufeinanderprallen. Von der Massentierhaltung über die Verwendung von Tieren zu Forschungszwecken, von der Tierhaltung in Zoos bis zum Umgang mit Haustieren geht es schnell um ganz grundsätzliche Fragen (vgl. den Beitrag von Ursula Wolf). Zum Beispiel darum, ob Fleischkonsum aus Sicht der Tierethik vertretbar ist oder nicht. Gelegentlich geht es sogar um die Frage, ob wir manche Tiere als Personen ansehen sollten (dies wird insbesondere mit Blick auf Primaten diskutiert; vgl. den Beitrag von Anne Peters).

In diesen Auseinandersetzungen stehen sich zudem unterschiedliche, nicht immer vereinbare Interessen gegenüber. Dies gilt nicht nur für die ökonomischen Interessen in der Landwirtschaft, sondern auch für das Interesse von Bürger*innen, dass neue oder bessere Medikamente entwickelt werden. Erschwerend kommt hinzu, dass wir unsere ethischen Intuitionen auf unterschiedliche ethische Theorien stützen. Es macht in der Sache einen

Unterschied, ob wir von Tieren als Mitgeschöpfen, als Träger von Rechten oder als Lebewesen sprechen, die leiden können. Schließlich hängt es immer auch von den je eigenen Kontexten ab, innerhalb derer wir Umgang mit Tieren haben und selbst Erfahrungen sammeln.

Mit Blick auf den ethischen Status von Tieren lässt sich in unserer Gesellschaft eine Entwicklung beobachten. Diese zeichnet sich dadurch aus, dass Tieren zunehmend mehr und höhere ethische Relevanz zuerkannt wird. Hinter Begriffen wie «artgemäße Haltung», «Tierwohl» oder «Tierrechte» verbergen sich komplizierte Vorstellungen. In sie fließt eine große Vielfalt von Erfahrungs- und Handlungskontexten ein. Wer beispielsweise in der Biologie Verhaltensforschung durchführt, hat gegenüber Tierexperimenten eine andere Einstellung als diejenigen, die sich ohne eigene Handlungserfahrung gegen Tierexperimente in der Forschung aussprechen. Das Verständnis des Wohls der Tiere unterscheidet sich ebenfalls je nach Hintergrund: Ich kann mich für die angemessene Behandlung von einzelnen Haustieren einsetzen, als Landwirt*in am Wohl meiner Nutztiere interessiert sein oder mich als Jäger*in um das Wohl einer Tierpopulation in meinem Revier sorgen – also um das Wohl eines einzelnen Tieres oder einer Population, um das Wohl als Bedingung für meine eigenen Zwecke oder als intrinsischen, ethisch zu respektierenden Wert kümmern. Zudem sind sie durch unterschiedliche ethische Ansätze und kulturell tradierte Bilder (z. B. des Wolfes im Märchen oder von Ratten in der Literatur) geprägt. Oft ist denjenigen, die sich mit diesen Vorstellungen in einer Debatte engagieren, die Komplexität ihrer eigenen Begriffe nicht klar. Deshalb ist es einerseits nicht verwunderlich, dass diese Diskussionen häufig zu Missverständnissen oder gar wechselseitigen Vorwürfen führen. Andererseits lässt sich auf einer solchen unklaren Basis eine rationale Diskussion nicht führen.

Da wir in einer demokratischen Gesellschaft aber genau darauf angewiesen sind, müssen die unterschiedlichen Wissenschaften zu einer Aufklärung beitragen. In den letzten Jahrzehnten sind das Problembewusstsein in unserer Gesellschaft und die Anerkennung der ethischen Ansprüche von Tieren stetig gewachsen; zugleich polarisieren sich die Lager, wenn es beispielsweise um die Frage nach Fleischkonsum oder die Nutzung von Tieren zu Forschungszwecken geht. Weil wir in unserer Gesellschaft weder einen grundlegenden Konsens noch eine stabile Grundlage haben, brauchen wir als Bürger*innen die Erkenntnisse der Wissenschaften, um uns informieren und orientieren zu können. Umgekehrt ist die Wissenschaft ebenfalls darauf angewiesen, die Erfahrungen der Bürger*innen kennenzulernen und in die eigenen Überlegungen miteinzubeziehen. Es geht, so lässt sich diese Überlegung zusammenfassen, darum, die unterschiedlichen Perspektiven nachzuvollziehen und in die Diskussion miteinfließen zu lassen. Gelingen kann dies nur, wenn Wissenschaft und Gesellschaft in einen Dialog eintreten. Sonst werden wir weder der Komplexität des Themas noch den Ansprüchen und Bedürfnissen von Tieren gerecht werden können.

Ausblicke

Hochschulen und andere Forschungseinrichtungen sind gesellschaftliche Institutionen und damit Bestandteile der Gesellschaft. Die in diesen Institutionen betriebene Wissenschaft ist daher ebenfalls ein Teil der Gesellschaft. Sie befindet sich auf vielfältige Weisen immer schon in gesellschaftlichen Diskursen. Erkenntnisfortschritte in der Medizin, technologische Innovationen oder auch Modelle zur Prognose von Klimaentwicklungen sind direkt von allgemeinem gesellschaftlichem Interesse. Aber auch die Resultate historischer Forschung, die Beiträge von Philosophie, Recht oder Theologien zu ethischen Grundsatzfragen – all dies ist von Fragestellungen, welche die Gesellschaft an die Wissenschaft heranträgt, geprägt und wirkt durch den Transfer des gewonnenen Wissens auf die Gesellschaft zurück. Die einzelnen Wissenschaften sind damit zwar auf verschiedene Weisen und mit unterschiedlicher Intensität in die Gesellschaft eingebunden, aber der Anspruch, die eigenen Erkenntnisse angemessen in die Gesellschaft zu tragen, trifft auf alle zu. Darüber hinaus behandeln viele Disziplinen Fragen und Probleme, welche die Gesellschaft aufwirft. Der angemessene Umgang mit Tieren ist hierfür ein prominentes und zentrales Beispiel. Nachhaltigkeit, Klimawandel oder Migration sind weitere gesellschaftliche Fragestellungen, die vielfältige Bezüge zu den Wissenschaften aufweisen.

Moderne demokratisch verfasste Gesellschaften zeichnen sich durch eine hohe Dynamik sowie eine große Pluralität von Lebensentwürfen und Wertvorstellungen aus. Das von der Wissenschaft bereitgestellte Wissen ist für die gesellschaftliche Orientierung wichtig. Für vernünftiges politisches Handeln, gerade angesichts großer Herausforderungen, ist es unverzichtbar. Der Dialog zwischen der Wissenschaft und der Gesellschaft muss angesichts dieses Befunds über die klassische Vorstellung des Wissenstransfers hinausgehen. Es ist unbestreitbar, dass eine sachangemessene und zielgruppenspezifische Wissenschaftskommunikation eine notwendige Bedingung für diesen Dialog darstellt. Aber es geht, wie auch die im vorliegenden Band enthaltenen Beiträge zeigen, um mehr als den Transfer von Wissen. Es geht um Wissenstransfer in praktischer Absicht und darum, Einstellungen aufzuklären, Haltungen zu verändern und Handlungsweisen vernünftiger zu gestalten. Die Krisen der Gegenwart zeigen, dass moderne Gesellschaften ohne Einbeziehung der Wissenschaften die großen Herausforderungen nicht bewältigen können. Dies gilt nicht nur für die Entwicklung von technologischen Innovationen. Demokratische Gesellschaften leben davon, dass die Bürger*innen Verantwortung übernehmen und bereit sind, gesellschaftliche Debatten auf rationale Weise zu führen. Dafür aber sind die Methoden der Wissenschaften unverzichtbar und das wissenschaftliche Wissen als Informationsbasis wesentlich. Das Spektrum reicht von normativen Begründungen über die sozialwissenschaftliche Erhebung von Daten oder das Bereitstellen historischer Informationen bis zu naturwissenschaftlichen Erklärungen, die durch Experimente gewonnen werden, und die Bereitstellung innovativer Technologien zur Lösung von gesellschaftlichen Problemen. Bei komplexen Fragestellungen, man denke etwa an die sozialverträgliche Umstellung unserer Energieversorgung, müssen viele wissenschaftliche Disziplinen zusammenarbeiten, um die Probleme sachgerecht adressieren zu können. Damit ist klar, dass die Gesellschaft auch die in den einzelnen Disziplinen verwendeten Methoden in Anspruch nehmen muss, um sich eine angemessene Wissensbasis verschaffen zu können. Selbstverständlich trifft dies in besonderer Weise auf politische Entscheidungen oder gesetzliche Regelungen zu, aber es gilt auch für die gesellschaftlichen Debatten im privaten Bereich. Denn aus ihnen gewinnt in einer Demokratie das politische Handeln allererst seine Berechtigung.

Wenn wir diesen Befund akzeptieren, dann ergeben sich für beide Seiten, Wissenschaft wie Gesellschaft, einige Herausforderungen. Auf der Seite der Wissenschaften muss zuerst einmal diese neue Rolle angenommen werden. Das Selbstverständnis der Wissenschaftler*innen muss über die klassischen Elemente des Wissens- und Technologietransfers hinaus erweitert werden um die

Bereitschaft, als Wissenschaftler*innen zivilgesellschaftliche Verantwortung zu übernehmen. Dies erfordert nicht nur eine Neuorientierung oder sogar ein Umdenken, sondern hat auch Konsequenzen für die Hochschulen. Gesellschaft und Politik fordern von den Hochschulen immer mehr ein, diese Verantwortung zu übernehmen. Es ist von der dritten Mission (neben Forschung und Lehre) die Rede. Transfer soll als dritte grundlegende Leistung von Hochschulen und Forschungseinrichtungen erbracht werden, um den Bedürfnissen und Erwartungen der Gesellschaft an die Wissenschaften gerecht werden zu können.

Diese gesellschaftliche und wissenschafts-politische Forderung nach einem stärkeren, Partizipation zulassenden Engagement der Wissenschaften zur Lösung gesellschaftlicher Problemstellungen ist unbestreitbar legitim. Sie erfordert jedoch auch ein Umdenken in Gesellschaft und Wissenschaft gleichermaßen: Es geht hier nicht mehr um einen quantitativen Anbau an die klassische Struktur, sondern um einen qualitativen Umbau der Architektur, welche die Funktionsweise und Statik von Hochschulen und Forschungseinrichtungen betrifft. Wissenschaftler*innen können und sollen sich, wenn die Wissenschaft dieser Forderung entspricht, nicht mehr nur gleichsam privat, über die Verpflichtungen in Forschung und Lehre hinaus, dem Transfer widmen. Das geht auf Dauer nur, wenn Transfer gleichberechtigt neben Forschung Lehre als dritte Mission anerkannt wird. Dies muss im Arbeitsalltag der Wissenschaftler*innen gelebt werden können und kann nicht als Zusatzleistung (oder gar als privates ‹Hobby›) betrachtet werden. Wissenschaftskommunikation und Transfer muss daher sowohl in die Lehre integriert als auch im Kontext von Qualifikationen als eigenständige Leistung anerkannt werden. Gelingen kann ein solcher Umbau nur, wenn Gesellschaft und (Wissenschafts-)Politik erkennen, dass diese dritte Mission ohne entsprechende Anerkennung (einschließlich grundständiger Finanzierung) nicht möglich ist. Ohne Frage muss die Wissenschaft diese Aufforderung annehmen und ihre eigenen Strukturen weiterentwickeln. Unbestreitbar ist aber auch, dass dies ohne angemessene Ressourcen nicht zu bewältigen ist.

Damit der Dialog zwischen Wissenschaft und Gesellschaft gelingen kann, ist die Bereitschaft der Bürger*innen erforderlich, in einen solchen Austausch einzutreten. Das erfordert Zeit und Engagement auf beiden Seiten: Dialoge sind immer reziprok, niemals nur Einbahnstraßen. Angesichts von Krisenerleben oder Orientierungsbedürfnissen ist dabei eine grundlegende Spannung auszuhalten: Wissenschaftliches Wissen ist immer fehlbar und kann durch zukünftige Forschungen widerlegt werden. Dennoch kann es als verlässliche Grundlage für unser gesellschaftliches Handeln herangezogen werden. Es geht also darum, weder absolut gesicherte Erkenntnisse zu erwarten, noch in das gegenteilige Extrem einer generellen Skepsis zu verfallen. Zukünftige Forschungen oder Entwicklungen werden zu Veränderungen unseres Wissens, unserer Erklärungen und unserer Theorien führen. Dennoch sind wir gut beraten und berechtigt, unser Handeln auf das bestmögliche, derzeit verfügbare Wissen zu stützen. Deshalb geht es in diesem Buch darum, zur Kenntnis zu nehmen, was wir heute wissen, und nicht bei veraltetem Wissen oder tradierten Vorurteilen stehen zu bleiben. Es bedeutet zugleich auszuhalten, dass unser heutiges Wissen in Zukunft durch den Wissensfortschritt überholt werden wird.

Mit Blick auf den Wissenstransfer in praktischer Absicht ist entscheidend zu verstehen, dass die Grundlage für unsere Entscheidungen und Handlungen niemals perfektes Wissen sein wird. Ein solches perfektes Wissen wäre dagegen gefeit, durch zukünftige Erkenntnisse überholt oder außer Kraft gesetzt zu werden. Über perfektes Wissen verfügen wir weder im Alltag noch in der

Wissenschaft. Deshalb gilt es, auf der Basis des bestmöglich verfügbaren Wissens zu entscheiden und zu handeln. Dieses Wissen bereitzustellen und auch abzurufen, ist die gemeinsame Aufgabe von Gesellschaft und Wissenschaft. Hinzu kommt, wenn wir auf die politische Relevanz wissenschaftlichen Wissens achten, sich die Reichweite und die Grenzen der Wissenschaft klarzumachen. Wissenschaftler*innen verfügen über spezielle Kenntnisse, nicht aber über eine privilegierte ethische Einsicht. Die Wissenschaft kann den Bürger*innen Informationen, Kriterien und Begründungen bereitstellen. Mit deren Hilfe können wir dann unsere je eigenen ethischen Urteile bilden und diese in den gesellschaftlichen Dialog einbringen. Aber die Wissenschaft kann unsere ethische Urteilsbildung nicht ersetzen. Anders gesagt: Wissenschaftliches Wissen kann ethische und politische Debatten rationaler machen. Aber die Wissenschaft kann diese Debatten nicht im Namen wissenschaftlicher Expertise abkürzen oder gar verdrängen.

Was folgt daraus für das Ziel, in unserer Gesellschaft einen besseren Umgang mit Tieren zu verwirklichen? Zuerst einmal kann der Transfer wissenschaftlichen Wissens unsere Achtsamkeit für die ethischen Probleme unseres Umgangs mit Tieren erhöhen. Durch die aktive Teilnahme an wissenschaftlicher Forschung besteht darüber hinaus die Chance, den eigenen Umgang mit Tieren im eigenen Alltag ethisch zu verbessern. Wenn wir mehr über die Bedürfnisse und Fähigkeiten von Tieren wissen, können wir diesen besser gerecht werden. In dem zunehmend heftig geführten Streit um den ethisch angemessenen Umgang mit Tieren können die unterschiedlichen Wissenschaften für eine Versachlichung sorgen. Sie können die verschiedenen Kontexte auseinanderhalten, in denen Menschen Tieren begegnen oder mit ihnen umgehen (das Wohl eines individuellen Haustiers vs. das Wohl einer Population wild lebender Tiere). Sie können die unterschiedlichen oder auch gegensätzlichen Interessen und Zwecke herausarbeiten, die in diesen Kontexten eine Rolle spielen (von den ethischen Ansprüchen von Tieren über das Interesse potientieller Patient*innen an verbesserten medizinischen Therapien bis zu den ökonomischen Interessen in der Landwirtschaft). Damit ermöglichen sie eine der Komplexität gerechter werdende und differenziertere Diskussion. Sie fordern zudem von uns allen, die verschiedenen Kontexte und die Vielschichtigkeit der Problemstellungen im Blick zu behalten. Und sie fordern uns dazu auf, die Fragestellungen auch aus der Perspektive derjenigen zu betrachten, die auf einem anderen Standpunkt stehen als wir selbst. Kurz gesagt: Wissenschaftliches Wissen und die unterschiedlichen Perspektiven der Wissenschaften sind unverzichtbare Voraussetzungen dafür, dass wir in einer modernen und pluralen Gesellschaft respektvoll und demokratisch miteinander aushandeln, wie wir zusammenleben und unsere Gesellschaft gestalten wollen. In dieser Fragestellung kommen, wie die Beiträge in diesem Buch zeigen, Tiere auf vielfältige Weisen in ganz unterschiedlichen Kontexten vor. Auch sie sind also bei unserer Frage nach einer guten und gerechten Gesellschaft mit zu bedenken. Uns dazu aufzufordern und uns dazu auch in die Lage zu versetzen, ist eine zentrale Aufgabe der Wissenschaften. Sie stellvertretend für uns beantworten dagegen kann und sollte die Wissenschaft nicht.

Empfohlene Literatur:

Ach, J., Borchers, D. (Hg.), Handbuch Tierethik. Metzler, 2018.

Hinsch, W., Eggers, D. (Hg.), Öffentliche Vernunft? Die Wissenschaft in der Demokratie. Walter de Gruyter, 2019.

Kümmel-Schnur, A., Mühleisen, S., Hoffmeister, T. S. (Hg.), Transfer in der Lehre. Transcript, 2020.

Mensch, K., Schmidt, J. C. (Hg.), Technik und Demokratie: Zwischen Expertokratie, Parlament und Bürgerbeteiligung. Verlag für Sozialwissenschaften, 2003.

Quante, M., Einführung in die Allgemeine Ethik. WBG, 2017 (6. Auflage).

ZU DEN HERAUSGEBERN, AUTORINNEN UND AUTOREN

Die Herausgeber

Norbert Sachser leitete 25 Jahre lang das Zentrum für Verhaltensbiologie an der Universität Münster und ist dort seit 2020 als Seniorprofessor tätig. Er studierte Biologie, Chemie und Soziologie und gilt als einer der international renommiertesten Wissenschaftler seines Faches. Seine Forschung beschäftigt sich mit dem Wohlergehen von Tieren, der Evolution und Entwicklung des Sozialverhaltens sowie der Biologie der Individualität.

Niklas Kästner und **Tobias Zimmermann** sind promovierte Verhaltensbiologen. Sie studierten Biowissenschaften an der Universität Münster und waren anschließend mehrere Jahre lang als Wissenschaftler in Forschung und Lehre tätig. Im Jahr 2020 gründeten sie gemeinsam das Online-Magazin *ETHOlogisch – Verhalten verstehen*, in dem sie über aktuelle wissenschaftliche Erkenntnisse zum Verhalten, Denken und Fühlen von Tieren informieren.

Die Autorinnen und Autoren

Valeska Becker ist seit 2021 außerplanmäßige Professorin an der Abteilung für Ur- und Frühgeschichtliche Archäologie der Universität Münster. Einer ihrer Forschungsschwerpunkte sind Mensch-Tier-Beziehungen in verschiedenen Abschnitten der Menschheitsgeschichte.

Achim Gruber ist Professor am Institut für Tierpathologie an der Freien Universität Berlin, das er seit 2005 leitet. Der Tierarzt und Pathologe studierte in Hannover und an der Cornell-Universität. Zu seinen besonderen Forschungsinteressen zählen die Folgen entgleister und falsch verstandener Tierliebe.

Rainer Hagencord ist promovierter Theologe und Biologe. Er leitet seit 2008 das Institut für Theologische Zoologie in Münster. Unter Schirmherrschaft von Jane Goodall kooperiert es – in interreligiöser und transdisziplinärer Ausrichtung – mit verschiedenen Hochschulen in Forschung und Lehre.

Sylvia Kaiser ist seit 2010 außerplanmäßige Professorin in der Abteilung für Verhaltensbiologie der Universität Münster. In ihrer Forschung interessiert sie sich insbesondere für den Einfluss von sozialen Umweltfaktoren auf die Verhaltensentwicklung sowie das Wohlergehen von Tieren.

Jörg Luy wurde nach Abschluss des Tiermedizin- und Philosophiestudiums 2004 auf eine Juniorprofessor für Tierschutz und Ethik der Freien Universität Berlin berufen. 2013 wechselte der Fachtierarzt für Tierschutz und Tierethik in das von ihm gegründete Forschungs- und Beratungsinstitut für angewandte Ethik (INSTET).

Michael Miersch ist Journalist und Autor zahlreicher Bücher, Artikel und Filme zu Gesellschafts- und Umweltfragen, wobei er speziell die Mensch-Tier-Beziehung thematisierte. Er war Redakteur verschiedener Zeitungen und Zeitschriften, darunter *taz*, *natur* und *Welt*. Bis 2022 wirkte er als Geschäftsführer der Deutschen Wildtier Stiftung.

Anne Peters ist seit 2013 Direktorin am Max-Planck-Institut für ausländisches öffentliches Recht und Völkerrecht in Heidelberg. Als Professorin an der Universität Basel, der Universität Heidelberg, der Freien Universität Berlin sowie der University of Michigan lehrt sie u. a. Völkerrecht, Menschenrechte und globales Tierrecht.

Helene Richter ist seit 2017 Professorin für Verhaltensbiologie und Tierschutz an der Universität Münster. In ihrer Forschung beschäftigt sie sich insbesondere mit dem Wohlergehen von Tieren, dem Zusammenspiel von Emotion und Kognition und der Aussagekraft von tierbasierter Forschung.

Simone Schehka ist seit 2020 Direktorin des Allwetterzoo Münster. Ihre tiergärtnerische Laufbahn begann sie 2009 in Hannover. Die promovierte Verhaltensbiologin versteht sich als Botschafterin des Tier- und Artenschutzes. Ihr Bestreben: Möglichst viele Menschen für Tiere und den Schutz ihrer Lebensräume begeistern.

Jessica Ullrich lehrt seit 2017 Kunstwissenschaft und Ästhetik an der Kunstakademie Münster. Im Zentrum ihrer Forschung stehen Tiere in der Kunst und die damit verbundenen (kunst-)philosophischen, ethischen und ökologischen Diskurse. Seit 2012 ist sie Herausgeberin der interdisziplinären Fachzeitschrift *Tierstudien*.

Ursula Wolf ist Seniorprofessorin für Philosophie an der Universität Mannheim, wo sie – nach Lehrtätigkeiten an der Freien Universität Berlin und der Universität Frankfurt – 20 Jahre lang den Lehrstuhl Philosophie II innehatte. Ihre Schwerpunkte sind antike Philosophie, allgemeine Ethik sowie Tierethik. Sie gehörte zu den ersten, die nach dem Anstoß der Debatte durch Peter Singer im Jahr 1975 die philosophische Tierethik in Deutschland bekannt gemacht haben.

Michael Quante ist seit 2009 Professor für Praktische Philosophie an der Universität Münster. In seinen Forschungen beschäftigt er sich mit Themen der angewandten Ethik und Fragen der interdisziplinären Zusammenarbeit. Zudem ist er seit 2016 als Prorektor für den Bereich des Wissenstransfers zuständig.

ILLUSTRATIONSNACHWEIS

Seite 7; Seite 219: Niklas Schwartz

Seite 49: Noemi Thoß

Seite 83: Hannah Bischop

Seite 116: Jurga Milasiunaite

Seite 166: Leela Ide

Unter der folgenden Adresse finden Sie Informationen rund um die interdisziplinäre Veranstaltungsreihe, aus der die Idee zu diesem Buch hervorgegangen ist – darunter Aufzeichnungen von Vorträgen und Gesprächsformaten sowie weitere Illustrationen: https://www.uni-muenster.de/der-mensch-im-tier